畜禽饲料配制信息感知和精准饲喂专利技术研究

◎ 郑姗姗　蒋林树　主编

中国农业科学技术出版社

图书在版编目（CIP）数据

畜禽饲料配制、信息感知和精准饲喂专利技术研究／郑姗姗，蒋林树主编．—北京：中国农业科学技术出版社，2017.7
ISBN 978-7-5116-3127-5

Ⅰ.①畜…　Ⅱ.①郑…②蒋…　Ⅲ.①畜禽-饲料-配制-研究②畜禽-专利-研究　Ⅳ.①S8

中国版本图书馆 CIP 数据核字（2017）第 139235 号

责任编辑　鱼汲胜　褚　怡
责任校对　李向荣

出 版 者　中国农业科学技术出版社
北京市中关村南大街 12 号　邮编：100081
电　　话　(010)82106636(编辑室)　(010)82109702(发行部)
(010)82109709(读者服务部)
传　　真　(010)82106631
网　　址　http://www.castp.cn
经 销 者　各地新华书店
印 刷 者　北京富泰印刷有限责任公司
开　　本　710 mm×1 000 mm　1/16
印　　张　12.25
字　　数　220 千字
版　　次　2017 年 7 月第 1 版　2017 年 7 月第 1 次印刷
定　　价　59.00 元

“十三五”国家重大研发计划专项项目（2016YFD0700200）
中国农业科学院北京畜牧兽医研究所/北京市奶牛创新团队
北京农学院/奶牛营养学北京市重点实验室

《畜禽饲料配制、信息感知和精准饲喂专利技术研究》

主　　编： 郑姗姗（女）　蒋林树

副 主 编： 熊本海　南雪梅（女）

参编人员（按姓氏笔画排序）

方洛云　王　坤　吕健强
毕　晔（女）　孙福昱　杨　亮
罗清尧　唐志文　高华杰（女）
薛夫光　潘晓花（女）

序

根据“十三五”畜牧业发展规划，中国畜牧业正在向智能化、数字化装备及环境精准控制转型与迈进。而健康养殖智能化装备是畜牧业发展的重要标志，关乎“四化”同步推进全局。智能养殖装备与畜牧业的信息化代表着畜牧业先进生产力，是提高生产效率、转变发展方式、增强畜牧业综合生产能力的物质基础，也是国际农业装备产业技术竞争的焦点。当前，我国现代畜牧业加速发展，标准化及规模化经营比例加大、农业劳动力大量转移，对畜禽养殖的精准饲料配制及装备技术要求更高，对养殖过程的信息感知与处理所需产品需求更多。长期以来，我国畜牧业自主研究的智能饲喂设备、畜禽个体生理与环境感知的技术与设备基础研究不足，核心传感部件和高端产品依赖进口，畜牧业饲料、兽药等投入品使用粗放，精准饲喂的技术与解决方案相对缺乏，导致畜牧业综合生产成本居高不下，畜禽养殖效益低下。因此，2017 年的中央一号文件将农业供给侧结构改革，实现农业生产的提质增效，保障农畜产品的有效供给提到重要的位置，这是关乎农业的健康发展及民生的重大问题。为此，从国家层面实施了与上述领域有关的重大研究计划或课题。本著作涉及内容是在近 5 年来，项目组实施国家“863”数字畜牧业重大研究课题（2012AA101905）、国家科技支撑技术重大课题（2014BAD08805）、奶牛产业技术体系北京市奶牛创新团队岗位专家研究课题、国家“十三五”重点研发计划项目（2016YFD0700200）中取得的部分专利技术。这些专利技术与现代畜禽养殖精准饲料配制技术、畜禽个体及环境信息感知技术、智能设备装备技术等密切相关，因而编撰成书。

该专著涉及的专利技术包括 4 个方面：第一部分是牛饲料配制相关专利技术，包含肉牛饲料和奶牛饲料的制备方法等，该部分涉及 8 项专利技术。第二部分为牛养殖设备相关专利技术，包含犊牛饲喂装置、牛胃瘘管、奶牛颈夹等，该部分涉及 6 项专利技术。第三部分涉及猪养殖设备相关专利技术，包含发情监测、性能测定与代谢、供料系统与设备、饲喂及废弃物收集与处理等装置及技术。该部分涉及 14 项专利技术。第四部分为其他养殖设备专利技术，主要涉及蛋鸡饲喂、家畜围栏等设备与技术，共有 4 项专利技术。上述大部分已经授权并在推广应用中。

由于作者水平有限，撰写中可能存在问题，欢迎读者提出宝贵意见。

编　者

2017. 5. 10

目　　录

1　牛饲料配制相关专利技术

1.1　一种肉牛用饲料及其制备方法

1.1.1　技术领域

本研究属于牲畜饲料领域，尤其涉及一种肉牛用饲料及其制备方法。

1.1.2　背景技术

反刍是指进食经过一段时间以后将在胃中半消化的食物返回嘴里再次咀嚼。反刍动物就是有反刍现象的动物，通常是一些食草动物，因为植物的纤维是比较难消化的。反刍动物采食一般比较匆忙，特别是粗饲料，大部分未经充分咀嚼就吞咽进入瘤胃，经过瘤胃浸泡和软化一段时间后，食物经逆呕重新回到口腔，经过再咀嚼，再次混入唾液并再吞咽进入瘤胃。

反刍动物的瘤胃中含有一种瘤胃原虫，原虫的氮源来源主要来自各个细菌，原虫数量的减少可以使细菌数量增加 3 倍，因此随着原虫数的减少则细菌相对增加，细菌数量的增加则有助于瘤胃液中底物的发酵，同时能为动物提供更多的菌体蛋白，使动物获得更多的营养。反刍动物瘤胃微生物对饲料纤维素、蛋白质等物质进行发酵为机体提供能量，但同时产生甲烷、氨态氮等物质。

反刍动物吃的食物经口腔食道首先进入瘤胃，瘤胃中的细菌、原虫和真菌等将食物中的 60%~70%蛋白质，氨基酸，淀粉，脂肪分解发酵，一部分被微生物吸收，一部分在发酵中产生甲烷、氨态氮等物质，不仅造成饲料能量损失而且对造成环境污染。只有 30%~40%营养物质能通过瘤胃进入小肠被直接吸收，所以各国的动物营养学家在不断的通过各种方法研究过瘤胃饲料技术。

肉牛茶皂素，又称茶皂苷，是一种从茶树种子（茶籽、茶叶籽）中提取的五环三萜类糖苷化合物，由 7 种配基、4 种糖体和 2 种有机羧酸组成。根据其化学结构可将茶皂素可分为三萜皂苷和甾体皂苷两大类。三萜皂苷的皂苷元由 30 个碳原子组成，基本碳架为齐墩果烷（oleanane），三萜皂苷主要存在于豆科、五加科、伞形花科、葫芦科等植物中；甾体皂苷的皂苷元由 27 个碳原子组成，基本碳架为螺旋甾烷（spirostane）及异螺旋街烷（isospirostane）。

茶皂素为乳白色或淡黄色固体无定形粉末，熔点为 223~224。茶皂素纯品难溶于冷水、无水甲醇、无水乙醇，不溶于石油醚、乙醚、丙酮、苯等有机溶剂，稍溶于温水、二硫化碳、醋酸乙酐，易溶于热水、含水甲醇、含水乙醇、正丁醇及冰醋酸、醋酐和吡啶，在稀碱性水溶液中溶解度明显增加。茶皂素是一种天然的非离子表面活性剂，具有乳化、分散、发泡、润湿等活性作用以及消炎、抗渗透、镇痛等药理作用。茶皂素已广泛应用于农药生产、化工业、动物养殖等方面。农药方面，茶皂素可作为农药的湿润剂、悬浮剂、增效剂和助溶剂等，并且可以直接作为纯天然无毒性生物农药使用；在化工业方面，由于茶皂素的表面活性作用，它主要作为起泡剂、乳化剂和清洁剂等使用。茶皂素可用作反刍动物瘤胃发酵调控剂，改善反刍动物生产性能。

牛肉的蛋白质不仅含量大，还质量高，氨基酸组成比例接近人，人摄食后几乎能被 100%的吸收利用。胖人减肥时，是不能缺少蛋白质的，而牛肉既能补充高质量的蛋白质，又不具有太多的热量，蛋白质含量高的牛肉，更有利于减肥人群。

1.1.3 技术解决方案

有鉴于此，本研究克服现有技术的不足而提供一种肉牛用饲料的制备方法，可显著降低肉牛瘤胃 pH、NH_3-N 浓度，能显著提高牛肉的蛋白质含量。

本研究技术方案是：一种肉牛用饲料，以重量分数计，由以下原料制成。

青贮玉米 40~50 份，桑树枝粉 5~15 份，苜蓿草 5~10 份，燕麦草 1~6 份，豆粕 4~10 份，酒糟 5~15 份，玉米粉 5~10 份，麦麸 1~5 份，米糠 10~20 份，虾壳粉 10~15 份，鱼骨粉 5~10 份，槐树花 4~10 份，蒲公英 5~10 份，磷酸氢钙 1~2 份，碳酸氢钠 0.5~1.0 份，食盐 0.2~0.5 份，茶多酚 0.5~1.0 份，茶皂素 0.05~0.2 份。其中，青贮玉米优选 45~50 份，桑树枝粉优选 10~15 份。其中，酒糟为白酒糟，用高粱、玉米、大麦等几种纯粮发酵而成，具有令人舒适的发酵谷物的味道，略具烤香及麦芽味，不仅可以降低饲料成本，而且对肉牛有一定的促食、诱食作用，优选 5~10 份。其中，槐树花优选6~9 份；茶多酚优选 0.5~0.8 份；茶皂素优选 0.05~0.1 份，皂苷重量含量≥60%；茶多酚与茶皂素的重量配比为（5~10）：1。

桑树枝粉最好发酵，发酵方法如下：①以重量分数计，将桑树枝粉100份，加入酿酒酵母0.05~0.09份，黑曲霉0.1~0.2份，木质素降解菌和纤维素降解菌复配菌株0.4~0.5份，进行混拌，并加入60~70份的水搅拌均匀；②然后将搅拌好的混合物填装到容器中，密封厌氧发酵3~7d。

其中步骤①木质素降解菌和纤维素降解菌的复配重量比例为1：（1.6~2.5）。

本研究肉牛用饲料的制备方法，其主要包括如下步骤：①将青贮玉米、苜蓿草和燕麦草粉碎成长度为15~25mm的碎段；②称取饲料用各种原料；③按等量递增法混合均匀。

混合均匀以后可以直接饲喂，也可以将混合后的混合物加水压制成饼状或块状饲料。

等量递增法操作方法是：取小量的组分和等量的量大的组分，同时置于混合机械中混合均匀，再加入同混合物等量的量大的组分混合均匀，如此倍量增加直至加完全部量大的组分为止。

经过大量试验证明，如果上述步骤①青贮玉米、苜蓿草和燕麦草粉碎过短过细，加快了饲料在瘤胃中的通过速度，不仅降低了饲料的消化率，而且，无法满足母牛、母羊对有效纤维的需求，从而对动物健康产生不利影响；青贮玉米、苜蓿草和燕麦草过长，牛咀嚼不方便，并且容易掉出料槽，造成浪费。

本研究用到的部分原料说明如下。

茶多酚：是茶叶中多酚类物质的总称，包括黄烷醇类、花色苷类、黄酮类、黄酮醇类和酚酸类等。

茶皂素：又名茶皂苷，是由茶树种子（茶籽、茶叶籽）中提取出来的一类醣苷化合物，是一种性能良好的天然表面活性剂，它可广泛应用于轻工、化工、农药、饲料、养殖、纺织、采油、采矿、建材 与高速公路建设等领域。

本研究的有益效果如下：①能够显著降低奶牛瘤胃pH值、NH_3-N浓度，但均在正常生理范围；显著提高肉牛瘤胃微生物蛋白产量；②能够显著抑制肉牛瘤胃原虫数量；③提高牛肉中蛋白质的含量。

1.1.4 具体实施方式

下面将结合实施例对本研究的实施方案进行详细描述。

表1-1-1和表1-1-2是实施例1~12、对比例1~4所使用的原料及质量，单位为千克。对比例1是在实施例6的基础上去掉了茶多酚，对比例2是在实

施例 6 的基础上去掉了茶皂素，对比例 3 中所用茶多酚与茶皂素的重量配比在（5~10）：1 之外，对比例 4 是在实施例 12 的基础上去掉了槐树花，所用茶皂素皂苷含量为 70%。

表 1-1-1　实施例 1-6、对比例 1-2 所使用的原料及质量　　单位：kg

原料＼实施例	实施例 1	实施例 2	实施例 3	实施例 4	实施例 5	实施例 6	对比例 1	对比例 2
青贮玉米	45	41	42	43	44	45	45	45
桑树枝粉	10	12	10	8	6	10	10	10
苜蓿草	10	6	7	8	9	10	10	10
燕麦草	1	5	4	3	2	1	1	1
豆粕	9	5	6	7	8	9	9	9
白酒糟	5	9	8	7	6	5	5	5
玉米粉	10	6	7	8	9	10	10	10
麦麸	5	4	3	2	1	5	5	5
米糠	15	11	12	13	14	15	15	15
虾壳粉	10	14	13	12	11	10	10	10
鱼骨粉	10	6	7	8	9	10	10	10
蒲公英	5	6	7	8	9	5	5	5
槐树花	5	6	5	4	4	5	5	5
磷酸氢钙	1	1	1	1	1	1	1	1
碳酸氢钠	1	1	1	1	1	1	1	1
食盐	0. 4	0. 3	0. 4	0. 5	0. 5	0. 4	0. 4	0. 4
茶多酚	1. 0	0. 5	0. 6	0. 6	0. 5	1. 0	—	1. 0
茶皂素	0. 06	0. 05	0. 06	0. 07	0. 05	0. 06	0. 06	—

表 1-1-2　实施例 7~12、对比例 3~4 所使用的原料及质量　　单位：kg

原料＼实施例	实施例 7	实施例 8	实施例 9	实施例 10	实施例 11	实施例 12	对比例 3	对比例 4
青贮玉米	45	47	48	49	50	45	45	45
桑树枝粉	10	13	11	9	7	10	10	10
苜蓿草	5	9	8	7	6	5	5	5

（续表）

原料＼实施例	实施例 7	实施例 8	实施例 9	实施例 10	实施例 11	实施例 12	对比例 3	对比例 4
燕麦草	6	2	3	4	5	6	6	6
豆粕	5	9	8	7	6	5	5	5
白酒糟	8	12	13	10	9	8	8	8
玉米粉	5	9	8	7	6	5	5	5
麦麸	5	2	3	4	5	5	5	5
米糠	15	17	18	17	16	15	15	15
虾壳粉	15	11	12	13	14	15	15	15
鱼骨粉	5	9	8	7	6	5	5	5
槐树花	7	6	7	8	8	7	7	—
蒲公英	7	6	5	8	9	7	7	7
磷酸氢钙	1.5	2	2	2	2	1.5	1.5	1.5
碳酸氢钠	0.75	0.5	0.5	0.5	0.5	0.75	0.75	0.75
食盐	0.3	0.4	0.3	0.2	0.4	0.3	0.3	0.3
茶多酚	0.5	0.6	0.5	0.7	0.6	0.5	1.5	0.5
茶皂素	0.05	0.06	0.05	0.07	0.06	0.05	0.05	0.05

以上实施例、对比例饲料的制备方法如下：①将青贮玉米、苜蓿草和燕麦草粉碎成长度为 20mm 的碎段；②称取饲料用各种原料；③按等量递增法混合均匀。

其中，实施例 6 和实施例 1 的配方相同，区别在于实施例 6 的桑树枝粉经过发酵，其中，实施例 7 和实施例 12 的配方相同，区别在于实施例 12 的桑树枝粉经过发酵，发酵方法如下：①将桑树枝粉 10 份，加入酿酒酵母 0.007 份，黑曲霉 0.02 份，木质素降解菌和纤维素降解菌复配菌株 0.05 份，进行混拌，并加入 6~7 份的水搅拌均匀；②然后将搅拌好的混合物填装到容器中，密封厌氧发酵 6d。其中，步骤①木质素降解菌和纤维素降解菌的复配重量比例为 1∶2。

本研究饲料效果试验方法如下。

试验时间与地点：

试验于 2015 年 5 月至 9 月在北京某牛场进行。

试验动物：荷斯坦肉牛。

试验设计与饲养管理方法：

根据肉牛按照日龄、体重、健康状况、性别比例相同的原则，随机分为16组，每组15头，分别饲喂实施例1-12和对比例1-4的饲料，每天3次。

试验肉牛饲养模式为自由采食、饮水，自由运动，散放式管理。试验牛每天7：30、14：30、21：30饲喂。正式试验前经过14d预试验，预试验结束后开始正式试验，正试期35d，整个试验期共49d。正试期内每7d后于晨饲前1小时采集瘤胃液，编号分别为1#，2#，3#，4#，5#。用口腔采样器采集瘤胃液，4层纱布过滤后分装存入液氮，将瘤胃液保存在-80℃。

饲料对肉牛瘤胃pH值的影响试验结果见表1-1-3。

表1-1-3　饲料对肉牛瘤胃pH值的影响

	1#	2#	3#	4#	5#
实施例1	6.43	6.45	6.44	6.46	6.45
实施例2	6.45	6.46	6.47	6.45	6.45
实施例3	6.45	6.44	6.46	6.46	6.45
实施例4	6.35	6.33	6.32	6.34	6.34
实施例5	6.46	6.44	6.44	6.45	6.45
实施例6	6.40	6.38	6.36	6.36	6.37
实施例7	6.45	6.43	6.42	6.44	6.43
实施例8	6.37	6.35	6.36	6.37	6.37
实施例9	6.46	6.45	6.43	6.45	6.45
实施例10	6.35	6.34	6.36	6.36	6.36
实施例11	6.36	6.35	6.36	6.36	6.37
实施例12	6.36	6.35	6.34	6.35	6.36
对比例1	6.47	6.45	6.47	6.46	6.47
对比例2	6.77	6.75	6.76	6.77	6.76
对比例3	6.50	6.48	6.47	6.48	6.48
对比例4	6.44	6.43	6.43	6.44	6.43

从以上结果可以看出，本研究饲料可以显著降低瘤胃pH值。

本研究饲料对肉牛瘤胃氨态氮（NH_3-N）的影响结果见表1-1-4。

表 1-1-4 饲料对肉牛瘤胃氨态氮（NH_3-N）的影响 单位：mg/100ml

	1#	2#	3#	4#	5#
实施例 1	7.36	7.33	7.35	7.36	7.36
实施例 2	7.76	7.74	7.78	7.76	7.77
实施例 3	7.34	7.30	7.34	7.32	7.34
实施例 4	7.34	7.31	7.35	7.36	7.35
实施例 5	7.75	7.74	7.75	7.77	7.76
实施例 6	7.18	7.17	7.21	7.20	7.20
实施例 7	7.75	7.73	7.75	7.74	7.76
实施例 8	7.38	7.35	7.37	7.38	7.37
实施例 9	7.76	7.73	7.78	7.77	7.76
实施例 10	7.34	7.32	7.35	7.37	7.36
实施例 11	7.40	7.36	7.37	7.38	7.39
实施例 12	7.28	7.27	7.30	7.31	7.31
对比例 1	7.99	7.97	7.97	7.96	7.97
对比例 2	9.00	8.95	8.97	8.96	8.97
对比例 3	8.20	8.22	8.30	8.28	8.23
对比例 4	7.75	7.76	7.75	7.79	7.77

由表 1-1-4 可见，对比例相比，各实施例肉牛瘤胃 NH_3-N 浓度均显著降低，从实施例 1，实施例 6 和实施例 7 以及实施例 12 的数据可以看出，桑树枝粉经过发酵的配方，肉牛瘤胃 NH_3-N 浓度降低更明显。从对比例 4 及实施例 12 的数据可以看出，加有槐树花的配方，NH_3-N 浓度肉牛瘤胃更低。

本研究饲料对肉牛瘤胃微生物蛋白的影响见表 1-1-5。

表 1-1-5 饲料对肉牛瘤胃微生物蛋白的影响 单位：mg/ml

	1#	2#	3#	4#	5#
实施例 1	3.19	3.18	3.16	3.17	3.16
实施例 2	3.11	3.12	3.11	3.13	3.11
实施例 3	3.16	3.18	3.19	3.21	3.20
实施例 4	3.37	3.38	3.36	3.38	3.39
实施例 5	3.15	3.17	3.16	3.19	3.18

（续表）

	1#	2#	3#	4#	5#
实施例 6	3.37	3.37	3.36	3.39	3.36
实施例 7	3.13	3.11	3.16	3.14	3.15
实施例 8	3.15	3.17	3.18	3.19	3.17
实施例 9	3.12	3.14	3.14	3.15	3.14
实施例 10	3.34	3.35	3.36	3.35	3.37
实施例 11	3.16	3.17	3.16	3.19	3.20
实施例 12	3.27	3.29	3.27	3.26	3.27
对比例 1	3.07	3.09	3.10	3.09	3.08
对比例 2	2.87	2.89	2.87	2.87	2.86
对比例 3	3.02	3.04	3.05	3.06	3.04
对比例 4	3.07	3.09	3.08	3.07	3.06

由表 1-1-5 可见，对比例相比，各实施例显著提高了微生物蛋白（MCP），MCP 是反刍动物主要的氮源供应者，能提供动物营养所需的 40%～80%的氮源量。因此，微生物蛋白质代谢的好坏决定了瘤胃微生物区系的营养代谢水平。瘤胃微生物中细菌可利用瘤胃发酵产物合成 MCP，随食糜进入真胃为机体提供一半以上所需的反刍动物蛋白。从实施例 1，实施例 6 和实施例 7 以及实施例 12 的数据可以看出，桑树枝粉经过发酵的配方，MCP 量提高的更多。从对比例 4 及实施例 12 的数据可以看出，加有槐树花的配方，MCP 量提高的更多。

去除原虫，会降低蛋白质的瘤胃发酵作用，增加蛋白质的利用效率。本研究见表 1-1-6。

表 1-1-6　饲料对瘤胃原虫数量的影响　　单位：（%）

	1#	2#	3#	4#	5#
实施例 1	1.50	1.51	1.51	1.50	1.51
实施例 2	1.83	1.82	1.79	1.80	1.81
实施例 3	1.52	1.50	1.51	1.52	1.53
实施例 4	0.97	0.98	0.96	0.97	0.97
实施例 5	1.74	1.77	1.81	1.80	1.80

（续表）

	1#	2#	3#	4#	5#
实施例 6	1.41	1.42	1.43	1.40	1.41
实施例 7	1.80	1.79	1.82	1.85	1.81
实施例 8	1.53	1.52	1.54	1.52	1.54
实施例 9	1.79	1.78	1.81	1.82	1.80
实施例 10	0.95	0.97	0.95	0.94	0.93
实施例 11	1.50	1.49	1.50	1.49	1.51
实施例 12	1.74	1.72	1.73	1.75	1.72
对比例 1	2.40	2.38	2.37	2.32	2.35
对比例 2	3.00	3.00	3.00	3.01	3.00
对比例 3	1.94	1.95	1.92	1.95	1.93
对比例 4	1.95	1.94	1.94	1.95	1.92

与对比例相比，各实施例均显著降低了瘤胃原虫的数量。从实施例 1，实施例 6 和实施例 7 以及实施例 12 的数据可以看出，桑树枝粉经过发酵的配方，瘤胃原虫的数量更低。

瘤胃原虫吞噬细菌占瘤胃微生物关系的主导地位，并且其自溶而亡，无法为宿主提供大量微生物蛋白，去除原虫对肉牛的消化更有利。

为了进一步说明本研究的应用价值，将瘤胃试验进行 49d 后，继续喂养 3 个月，试验结果见表 1-1-7。

表 1-1-7 饲料对平均日增重、牛肉蛋白质含量和脂肪的影响

	平均日增重（kg/头）	牛肉蛋白质含量（%）	牛肉脂肪含量（%）
实施例 1	1.45	23.1	2.11
实施例 2	1.45	22.9	2.13
实施例 3	1.46	22.9	2.12
实施例 4	1.47	23.9	2.09
实施例 5	1.44	23.5	2.10
实施例 6	1.49	24.8	2.10
实施例 7	1.45	22.9	2.12
实施例 8	1.45	23.5	2.09

（续表）

	平均日增重（kg/头）	牛肉蛋白质含量（%）	牛肉脂肪含量（%）
实施例 9	1. 42	23. 2	2. 11
实施例 10	1. 49	24. 9	2. 13
实施例 11	1. 45	23. 7	2. 10
实施例 12	1. 47	24. 5	2. 10
对比例 1	1. 30	21. 7	2. 23
对比例 2	1. 19	20. 75	2. 33
对比例 3	1. 28	22. 1	2. 27
对比例 4	1. 27	21. 9	2. 25

从以上结果可以看出，饲喂本研究的饲料，平均日增重提高，牛肉蛋白质含量提高，脂肪有所降低，提高了肉牛的出栏率，经测算饲养成本降低 15%左右。

瘤胃发酵指标的测定方法。

（1）pH 值：瘤胃液 4 层纱布过滤后用便携 pH 测定仪测定瘤胃液 pH 值。

瘤胃液 NH_3-N 浓度：采用分光光度计法，按照 Broderich and Kang 的方法测定具体见文献：HU W，LIU J，WU Y，et al. Effects of tea saponins on in vitro ruminal fermentation and growth performance in growing Boer goat［J］. Archives of animal nutrition，2006（1）：89-97。

（2）微生物蛋白产量测试方法：

$NH_4H_2PO_4$（0. 2 M）：称取 23g $NH_4H_2PO_4$溶解到 800ml 蒸馏水中，定容到 1 000ml。

pH 值=2 的蒸馏水：取少量的硫酸溶于蒸馏水中，使其 pH 值=2。

$AgNO_3$溶液：称取 3. 3974g 的 $AgNO_3$ 溶解到 30ml 的蒸馏水中，定容到 50ml。

$HClO_4$（0. 6 M）溶液：将 10ml 的 $HClO_4$（12M）加蒸馏水至 200ml。

HCl（0. 5 M）：将 40ml HCl（37%）溶解到 960ml 的蒸馏水中。

瘤胃液 MCP 浓度采用比色法测定。步骤如下。

1）分别准确称取 5、15、25、35、45、55mg 酵母 RNA 放至 10ml 离心管内，加入 2ml 0. 6mol/L $HClO_4$，于 95℃中水浴 1h 后冷却。

2）加入 6ml 28. 5mmol/L 的 $NH_4H_2PO_4$溶液，于 95℃中水浴 15min 冷却后于 4℃，3 000g 条件下离心 10min。

3）取 1.6ml 的上清液加入 6ml 0.2mol/L 的 $NH_4H_2PO_4$溶液，同时用 85%磷酸调整溶液的 pH 值，使其 pH 值=2~3。

4）取调整 pH 值后的 3.8ml 溶液，向其加入 0.2ml 0.4mol/L 的 $AgNO_3$溶液，充分混匀后在 4℃避光过夜。

5）在 4℃，3 000g 的条件下离心 10min，弃去上清液用 8ml pH 值=2 的蒸馏水冲洗沉淀，在 4℃，3 000g 条件下离 10min 后弃去上清液。

6）向沉淀内加入 5ml 0.5mol/L 的 HCl 溶液，混匀后于 95 ℃中水浴 30min 后，在 3 000g 条件下离心 10min。

7）以 0.5mol/L HC1 溶液作参比，将上清液利用紫外可见光分光光度计在 260nm UV 灯下进行比色。根据吸光度值作出标准曲线。

8）分别取 8ml 瘤胃液放至 3 个 10ml 离心管内，于 4℃，20 000g 条件下离心 20min 后弃掉上清液，加入 2.104ml 0.6mol/L $HClO_4$溶液，在 95 ℃中水浴 1h 后冷却。

9）按照步骤 2~6 进行操作。

10）以 0.5mol/L HCl 溶液作为参比，在 260nm 下比色，根据吸光度值和标准曲线求出瘤胃液中的微生物蛋白含量。

11）根据以下公式计算微生物蛋白氮产量：微生物蛋白（MCP，mg/L）= RNA 测定值（mg/ml）×RNA 含氮量（17.83%）/细菌氮中 RNA 含氮量（10%）×6.25/体积（ml）。

本技术申请了国家专利保护，申请号为：2016 1 0245124 5

1.2 一种肉牛用茶皂素饲料及其制备方法

1.2.1 技术领域

本研究属于牲畜饲料领域，尤其涉及一种肉牛用茶皂素饲料及其制备方法。

1.2.2 背景技术

肉牛茶皂素，又称茶皂苷，是一种从茶树种子（茶籽、茶叶籽）中提取的五环三萜类糖苷化合物，由 7 种配基、4 种糖体和 2 种有机羧酸组成。根据其化学结构可将茶皂素可分为三萜皂苷和甾体皂苷两大类。三萜皂苷的皂苷元由 30 个碳原子组成，基本碳架为齐墩果烷（oleanane），三萜皂苷主要存在于豆科、五加科、伞形花科、葫芦科等植物中；甾体皂苷的皂苷元由27个碳原子组成，基本碳架为螺旋甾烷（spirostane）及异螺旋街烷（isospirostane）。

茶皂素为乳白色或淡黄色固体无定形粉末，熔点为223~224。茶皂素纯品难溶于冷水、无水甲醇、无水乙醇，不溶于石油醚、乙醚、丙酮、苯等有机溶剂，稍溶于温水、二硫化碳、醋酸乙酐，易溶于热水、含水甲醇、含水乙醇、正丁醇及冰醋酸、醋酐和吡啶，在稀碱性水溶液中溶解度明显增加。茶皂素是一种天然的非离子表面活性剂，具有乳化、分散、发泡、润湿等活性作用以及消炎、抗渗透、镇痛等药理作用。茶皂素已广泛应用于农药生产、化工业、动物养殖等方面。农药方面，茶皂素可作为农药的湿润剂、悬浮剂、增效剂和助溶剂等，并且可以直接作为纯天然无毒性生物农药使用；在化工业方面，由于茶皂素的表面活性作用，它主要作为起泡剂、乳化剂和清洁剂等使用。茶皂素可用作反刍动物瘤胃发酵调控剂，改善反刍动物生产性能。

牛肉的蛋白质不仅含量大，还质量高，氨基酸组成比例接近人，人摄食后几乎能被100%的吸收利用。胖人减肥时，是不能缺少蛋白质的，而牛肉既能补充高质量的蛋白质，又不具有太多的热量，蛋白质含量高的牛肉，更有利于减肥人群。

1.2.3 技术解决方案

有鉴于此，本研究克服现有技术的不足而提供一种肉牛用茶皂素饲料，可显著降低肉牛瘤胃pH值、NH_3-N浓度，能显著提高牛肉的蛋白质含量。

本研究的技术方案是：一种肉牛用茶皂素饲料，以重量分数计，由以下原料制成。

青贮玉米40~50份，桑树枝粉5~15份，苜蓿草5~10份，燕麦草1~6份，豆粕4~10份，酒糟5~15份，玉米粉5~10份，麦麸1~5份，米糠10~20份，虾壳粉10~15份，鱼骨粉5~10份，槐树花4~10份，磷酸氢钙1~2份，碳酸氢钠0.5~1.0份，食盐0.2~0.5份，茶多酚0.5~1.0份，茶皂素0.05~0.2份。其中，青贮玉米优选45~50份，桑树枝粉优选10~15份。其中，酒糟为白酒糟，用高粱、玉米、大麦等几种纯粮发酵而成，具有令人舒适的发酵谷物的味道，略具烤香及麦芽味，不仅可以降低饲料成本，而且对肉牛有一定的促食、诱食作用，优选5~10份。其中，槐树花优选6~9份；茶多酚优选0.5~0.8份；茶皂素优选0.05~0.1份；皂苷重量含量≥60%；茶多酚与茶皂素的重量配比为（5~10）：1。

本研究中肉牛用茶皂素饲料的制备方法，其主要包括如下步骤：①将青贮玉米、苜蓿草和燕麦草粉碎成长度为 15~25mm 的碎段；②称取饲料用各种原料；③按等量递增法混合均匀。

混合均匀以后可以直接饲喂，也可以将混合后的混合物加水压制成饼状或块状饲料。

本研究的有益效果如下：①能够显著降低奶牛瘤胃 pH 值、NH_3-N 浓度，但均在正常生理范围；显著提高肉牛瘤胃微生物蛋白产量；②能够显著抑制肉牛瘤胃原虫数量；③提高牛肉中蛋白质的含量。

1.2.4 具体实施方式

下面将结合实施例对本研究的实施方案进行详细描述。

表 1-2-1 和表 1-2-2 是实施例 1~12、对比例 1~4 所使用的原料及质量，单位为千克。对比例 1 是在实施例 6 的基础上去掉了茶多酚，对比例 2 是在实施例 6 的基础上去掉了茶皂素，对比例 3 中所用茶多酚与茶皂素的重量配比在（5~10）：1 之外，对比例 4 是在实施例 12 的基础上去掉了槐树花，所用茶皂素皂苷含量为 70%。

表 1-2-1　实施例 1~6、对比例 1~2 所使用的原料及质量　单位：kg

原料＼实施例	实施例 1	实施例 2	实施例 3	实施例 4	实施例 5	实施例 6	对比例 1	对比例 2
青贮玉米	45	41	42	43	44	45	45	45
桑树枝粉	10	12	10	8	6	10	10	10
苜蓿草	10	6	7	8	9	10	10	10
燕麦草	1	5	4	3	2	1	1	1
豆粕	9	5	6	7	8	9	9	9
白酒糟	5	9	8	7	6	5	5	5
玉米粉	10	6	7	8	9	10	10	10
麦麸	5	4	3	2	1	5	5	5
米糠	15	11	12	13	14	15	15	15
虾壳粉	10	14	13	12	11	10	10	10
鱼骨粉	10	6	7	8	9	10	10	10
槐树花	5	6	5	4	4	5	5	5
磷酸氢钙	1	1	1	1	1	1	1	1
碳酸氢钠	1	1	1	1	1	1	1	1

（续表）

原料＼实施例	实施例 1	实施例 2	实施例 3	实施例 4	实施例 5	实施例 6	对比例 1	对比例 2
食盐	0.4	0.3	0.4	0.5	0.5	0.4	0.4	0.4
茶多酚	1.0	0.5	0.6	0.6	0.5	1.0	—	1.0
茶皂素	0.06	0.05	0.06	0.07	0.05	0.06	0.06	—

表 1-2-2　实施例 7~12、对比例 3~4 所使用的原料及质量　　单位：kg

原料＼实施例	实施例 7	实施例 8	实施例 9	实施例 10	实施例 11	实施例 12	对比例 3	对比例 4
青贮玉米	45	47	48	49	50	45	45	45
桑树枝粉	10	13	11	9	7	10	10	10
苜蓿草	5	9	8	7	6	5	5	5
燕麦草	6	2	3	4	5	6	6	6
豆粕	5	9	8	7	6	5	5	5
白酒糟	8	12	13	10	9	8	8	8
玉米粉	5	9	8	7	6	5	5	5
麦麸	5	2	3	4	5	5	5	5
米糠	15	17	18	17	16	15	15	15
虾壳粉	15	11	12	13	14	15	15	15
鱼骨粉	5	9	8	7	6	5	5	5
槐树花	7	6	7	8	8	7	7	-
磷酸氢钙	1.5	2	2	2	2	1.5	1.5	1.5
碳酸氢钠	0.75	0.5	0.5	0.5	0.5	0.75	0.75	0.75
食盐	0.3	0.4	0.3	0.2	0.4	0.3	0.3	0.3
茶多酚	0.5	0.6	0.5	0.7	0.6	0.5	1.5	0.5
茶皂素	0.05	0.06	0.05	0.07	0.06	0.05	0.05	0.05

以上实施例、对比例饲料的制备方法如下：①将青贮玉米、苜蓿草和燕麦草粉碎成长度为 20mm 的碎段；②称取饲料用各种原料；③按等量递增法混合均匀。

其中，实施例 6 和实施例 1 的配方相同，区别在于实施例 6 的桑树枝粉经过发酵，其中，实施例 7 和实施例 12 的配方相同，区别在于实施例 12 的桑树枝粉经过发酵。

本研究饲料效果试验方法如下。

试验时间与地点：

试验于 2015 年 5 月至 9 月在北京某养牛场进行。

试验动物：荷斯坦肉牛。

试验设计与饲养管理方法：

根据肉牛按照日龄、体重、健康状况、性别比例相同的原则，随机分为 16 组，每组 15 头，分别饲喂实施例 1～12 和对比例 1～4 的饲料，每天 3 次。

试验肉牛饲养模式为自由采食、饮水，自由运动，散放式管理。试验牛每天 7：30、14：30、21：30 饲喂。正式试验前经过 14d 预试验，预试验结束后开始正式试验，正试期 35d，整个试验期共 49d。正试期内每 7d 后于晨饲前 1 小时采集瘤胃液，编号分别为 1#，2#，3#，4#，5#。用口腔采样器采集瘤胃液，4 层纱布过滤后分装存入液氮，将瘤胃液保存在-80 ℃。

饲料对肉牛瘤胃 pH 值的影响试验结果见表 1-2-3。

表 1-2-3 饲料对肉牛瘤胃 pH 值的影响

	1#	2#	3#	4#	5#
实施例 1	6.43	6.45	6.44	6.46	6.44
实施例 2	6.45	6.47	6.47	6.45	6.45
实施例 3	6.46	6.44	6.46	6.46	6.45
实施例 4	6.35	6.33	6.32	6.35	6.33
实施例 5	6.46	6.45	6.44	6.45	6.45
实施例 6	6.40	6.39	6.36	6.38	6.37
实施例 7	6.45	6.45	6.42	6.45	6.43
实施例 8	6.37	6.36	6.38	6.37	6.37
实施例 9	6.46	6.44	6.43	6.45	6.46
实施例 10	6.35	6.34	6.37	6.36	6.36
实施例 11	6.38	6.37	6.36	6.36	6.37
实施例 12	6.36	6.35	6.34	6.35	6.35
对比例 1	6.46	6.45	6.47	6.46	6.47
对比例 2	6.76	6.75	6.76	6.77	6.76
对比例 3	6.50	6.49	6.47	6.48	6.48
对比例 4	6.44	6.42	6.43	6.44	6.43

从以上结果可以看出，本研究饲料可以显著降低瘤胃 pH 值。

本研究饲料对肉牛瘤胃氨态氮（NH_3-N）的影响结果见表 1-2-4。

表 1-2-4　饲料对肉牛瘤胃氨态氮（NH_3-N）的影响　单位：mg/100ml

	1#	2#	3#	4#	5#
实施例 1	7. 37	7. 32	7. 35	7. 36	7. 35
实施例 2	7. 75	7. 74	7. 78	7. 76	7. 77
实施例 3	7. 34	7. 30	7. 34	7. 35	7. 36
实施例 4	7. 34	7. 31	7. 35	7. 36	7. 36
实施例 5	7. 76	7. 74	7. 75	7. 77	7. 76
实施例 6	7. 19	7. 17	7. 21	7. 22	7. 20
实施例 7	7. 74	7. 73	7. 75	7. 74	7. 76
实施例 8	7. 39	7. 35	7. 37	7. 38	7. 37
实施例 9	7. 76	7. 73	7. 78	7. 77	7. 78
实施例 10	7. 36	7. 32	7. 36	7. 37	7. 36
实施例 11	7. 42	7. 36	7. 37	7. 38	7. 39
实施例 12	7. 49	7. 47	7. 50	7. 51	7. 51
对比例 1	7. 99	7. 97	7. 97	7. 99	7. 98
对比例 2	8. 99	8. 95	8. 97	8. 98	8. 97
对比例 3	8. 26	8. 22	8. 30	8. 28	8. 29
对比例 4	7. 78	7. 76	7. 75	7. 79	7. 80

由表 1-2-4 可见，对比例相比，各实施例肉牛瘤胃 NH_3-N 浓度均显著降低，从实施例 1，实施例 6 和实施例 7 以及实施例 12 的数据可以看出，桑树枝粉经过发酵的配方，肉牛瘤胃 NH_3-N 浓度降低更明显。从对比例 4 及实施例 12 的数据可以看出，加有槐树花的配方，NH_3-N 浓度肉牛瘤胃更低。

本研究饲料对肉牛瘤胃微生物蛋白的影响见表 1-2-5。

表 1-2-5　饲料对肉牛瘤胃微生物蛋白的影响　单位：mg/ml

	1#	2#	3#	4#	5#
实施例 1	3. 15	3. 16	3. 14	3. 17	3. 15
实施例 2	3. 09	3. 10	3. 11	3. 09	3. 11
实施例 3	3. 13	3. 15	3. 16	3. 18	3. 17

（续表）

	1#	2#	3#	4#	5#
实施例 4	3. 35	3. 38	3. 36	3. 38	3. 39
实施例 5	3. 11	3. 14	3. 15	3. 14	3. 15
实施例 6	3. 35	3. 37	3. 36	3. 35	3. 36
实施例 7	3. 11	3. 11	3. 12	3. 12	3. 11
实施例 8	3. 15	3. 17	3. 18	3. 19	3. 17
实施例 9	3. 10	3. 12	3. 12	3. 13	3. 11
实施例 10	3. 34	3. 35	3. 36	3. 35	3. 37
实施例 11	3. 16	3. 17	3. 16	3. 19	3. 17
实施例 12	3. 26	3. 25	3. 27	3. 26	3. 27
对比例 1	3. 02	3. 04	3. 05	3. 04	3. 06
对比例 2	2. 85	2. 87	2. 88	2. 87	2. 85
对比例 3	3. 00	3. 01	3. 03	3. 02	3. 01
对比例 4	3. 03	3. 02	3. 02	3. 01	3. 01

由表 1－2－5 可见，对比例相比，各实施例显著提高了微生物蛋白（MCP），MCP 是反刍动物主要的氮源供应者，能提供动物营养所需的 40%～80%的氮源量。因此，微生物蛋白质代谢的好坏决定了瘤胃微生物区系的营养代谢水平。瘤胃微生物中细菌可利用瘤胃发酵产物合成 MCP，随食糜进入真胃为机体提供一半以上所需的反刍动物蛋白。从实施例 1，实施例 6 和实施例 7 以及实施例 12 的数据可以看出，桑树枝粉经过发酵的配方，MCP 量提高的更多。从对比例 4 及实施例 12 的数据可以看出，加有槐树花的配方，MCP 量提高的更多。

去除原虫，会降低蛋白质的瘤胃发酵作用，增加蛋白质的利用效率。本研究饲料对瘤胃原虫数量的影响见表 1-2-6。

表 1-2-6　饲料对瘤胃原虫数量的影响　　单位：（%）

	1#	2#	3#	4#	5#
实施例 1	1. 53	1. 54	1. 56	1. 55	1. 56
实施例 2	1. 88	1. 87	1. 77	1. 84	1. 85
实施例 3	1. 57	1. 55	1. 54	1. 57	1. 55

（续表）

	1#	2#	3#	4#	5#
实施例 4	1.00	1.02	1.01	0.99	0.98
实施例 5	1.77	1.80	1.84	1.83	1.82
实施例 6	1.43	1.44	1.45	1.43	1.44
实施例 7	1.83	1.82	1.85	1.87	1.86
实施例 8	1.56	1.55	1.57	1.55	1.57
实施例 9	1.80	1.80	1.84	1.85	1.83
实施例 10	0.97	0.98	0.97	0.96	0.95
实施例 11	1.51	1.50	1.52	1.51	1.53
实施例 12	1.77	1.79	1.77	1.77	1.76
对比例 1	2.45	2.43	2.40	2.37	2.40
对比例 2	3.04	3.02	3.00	3.03	3.01
对比例 3	1.97	1.98	1.97	1.98	1.96
对比例 4	1.98	1.97	1.97	1.99	1.95

与对比例相比，各实施例均显著降低了瘤胃原虫的数量。从实施例 1，实施例 6 和实施例 7 以及实施例 12 的数据可以看出，桑树枝粉经过发酵的配方，瘤胃原虫的数量更低。

瘤胃原虫吞噬细菌占瘤胃微生物关系的主导地位，并且其自溶而亡，无法为宿主提供大量微生物蛋白，去除原虫对肉牛的消化更有利。

为了进一步说明本研究的应用价值，将瘤胃试验进行 49d 后，继续喂养 3 个月，试验结果见表 1-2-7。

表 1-2-7　饲料对平均日增重、牛肉蛋白质含量和脂肪的影响

	平均日增重（kg/头）	牛肉蛋白质含量（%）	牛肉脂肪含量（%）
实施例 1	1.45	22.1	2.15
实施例 2	1.44	22.0	2.17
实施例 3	1.44	21.9	2.16
实施例 4	1.47	23.5	2.13
实施例 5	1.43	22.5	2.16
实施例 6	1.48	24.0	2.13

（续表）

	平均日增重（kg/头）	牛肉蛋白质含量（%）	牛肉脂肪含量（%）
实施例 7	1. 43	22. 2	2. 18
实施例 8	1. 45	22. 7	2. 15
实施例 9	1. 40	22. 1	2. 16
实施例 10	1. 49	24. 4	2. 18
实施例 11	1. 44	22. 9	2. 14
实施例 12	1. 47	23. 5	2. 12
对比例 1	1. 29	20. 5	2. 27
对比例 2	1. 15	19. 7	2. 35
对比例 3	1. 27	21. 2	2. 32
对比例 4	1. 20	20. 9	2. 27

从以上结果可以看出，饲喂本研究的饲料，平均日增重提高，牛肉蛋白质含量提高，脂肪含量降低，提高了肉牛的出栏率，经测算饲养成本降低 15%左右。

本技术申请了国家专利保护，申请号为：2016 1 0244598 8

1.3 奶牛饲料及其制备方法

1.3.1 技术领域

本研究属于牲畜饲料领域，尤其涉及一种奶牛饲料及其制备方法。

1.3.2 背景技术

奶牛作为一种反刍动物，每天要挤奶，摄取的饲料更多，对饲料的要求更高，研究出适合奶牛的饲料，保证奶牛的瘤胃健康，使奶牛能够产出更高质量的牛奶，是本领域的研究方向之一。

1.3.3 技术解决方案

本研究克服现有技术的不足而提供一种奶牛饲料制备方法，可显著降低奶牛瘤胃 pH 值、NH_3-N 浓度，能显著提高牛奶质量。

本研究的技术方案是：一种奶牛饲料，以重量分数计，由以下原料制成。

青贮玉米 40~50 份，桑树枝粉 5~15 份，苜蓿草 5~10 份，燕麦草 1~6 份，豆粕 4~10 份，酒糟 5~15 份，玉米粉 5~10 份，麦麸 1~5 份，米糠 10~20 份，虾壳粉 10~15 份，鱼骨粉 5~10 份，槐米粉 1~4 份，磷酸氢钙 1~2 份，碳酸氢钠 0.5~1.0 份，食盐 0.2~0.5 份，茶多酚 0.5~1.0 份，茶皂素 0.05~0.2 份。其中，青贮玉米优选 45~50 份，桑树枝粉优选 10~15 份。其中，酒糟为白酒糟，用高粱、玉米、大麦等几种纯粮发酵而成，具有令人舒适的发酵谷物的味道，略具烤香及麦芽味，不仅可以降低饲料成本，而且对牛有一定的促食、诱食作用，优选 5~10 份。其中，槐米粉优选 2~3 份；茶多酚优选 0.5~0.8 份；茶皂素优选 0.05~0.1 份，皂苷重量含量≥60%；茶多酚与茶皂素的重量配比为（5~10）：1。

本研究奶牛饲料的制备方法，其主要包括如下步骤：①将青贮玉米、苜蓿草和燕麦草粉碎成长度为 15~25mm 的碎段；②称取饲料用各种原料；③按等量递增法混合均匀。

混合均匀以后可以直接饲喂，也可以将混合后的混合物加水压制成饼状或块状饲料。

本研究的有益效果如下：①能够显著降低奶牛瘤胃 pH 值、NH_3-N 浓度，但均在正常生理范围；显著提高奶牛瘤胃微生物蛋白产量；②能够显著抑制奶牛瘤胃原虫数量；③显著降低牛奶中乳糖率；提供奶牛乳脂率和乳蛋白率，降低尿素氮和体细胞含量；④能够提高奶牛的泌乳量。

1.3.4 具体实施方式

下面将结合实施例对本研究的实施方案进行详细描述。

表 1-3-1 和表 1-3-2 是实施例 1~12、对比例 1~4 所使用的原料及质量，单位为千克。对比例 1 是在实施例 6 的基础上去掉了茶多酚，对比例 2 是在实施例 6 的基础上去掉了茶皂素，对比例 3 中所用茶多酚与茶皂素的重量配比在（5~10）：1 之外，对比例 4 是在实施例 12 的基础上去掉了槐米粉，所用茶皂素皂苷含量为 70%。

表 1-3-1 实施例 1~6、对比例 1~2 所使用的原料及质量 单位：kg

原料＼实施例	实施例 1	实施例 2	实施例 3	实施例 4	实施例 5	实施例 6	对比例 1	对比例 2
青贮玉米	45	41	42	43	44	45	45	45
桑树枝粉	10	12	10	8	6	10	10	10

（续表）

原料＼实施例	实施例 1	实施例 2	实施例 3	实施例 4	实施例 5	实施例 6	对比例 1	对比例 2
苜蓿草	10	6	7	8	9	10	10	10
燕麦草	1	5	4	3	2	1	1	1
豆粕	9	5	6	7	8	9	9	9
白酒糟	5	9	8	7	6	5	5	5
玉米粉	10	6	7	8	9	10	10	10
麦麸	5	4	3	2	1	5	5	5
米糠	15	11	12	13	14	15	15	15
虾壳粉	10	14	13	12	11	10	10	10
鱼骨粉	10	6	7	8	9	10	10	10
槐米粉	2	3	2	1	1	2	2	2
磷酸氢钙	1	1	1	1	1	1	1	1
碳酸氢钠	1	1	1	1	1	1	1	1
食盐	0. 4	0. 3	0. 4	0. 5	0. 5	0. 4	0. 4	0. 4
茶多酚	1. 0	0. 5	0. 6	0. 6	0. 5	1. 0	—	1. 0
茶皂素	0. 06	0. 05	0. 06	0. 07	0. 05	0. 06	0. 06	—

表 1-3-2 实施例 7~12、对比例 3~4 所使用的原料及质量 单位：kg

原料＼实施例	实施例 7	实施例 8	实施例 9	实施例 10	实施例 11	实施例 12	对比例 3	对比例 4
青贮玉米	45	47	48	49	50	45	45	45
桑树枝粉	10	13	11	9	7	10	10	10
苜蓿草	5	9	8	7	6	5	5	5
燕麦草	6	2	3	4	5	6	6	6
豆粕	5	9	8	7	6	5	5	5
白酒糟	8	12	13	10	9	8	8	8
玉米粉	5	9	8	7	6	5	5	5
麦麸	5	2	3	4	5	5	5	5
米糠	15	17	18	17	16	15	15	15
虾壳粉	15	11	12	13	14	15	15	15

（续表）

原料＼实施例	实施例 7	实施例 8	实施例 9	实施例 10	实施例 11	实施例 12	对比例 3	对比例 4
鱼骨粉	5	9	8	7	6	5	5	5
槐米粉	3	2	3	4	4	3	3	-
磷酸氢钙	1. 5	2	2	2	2	1. 5	1. 5	1. 5
碳酸氢钠	0. 75	0. 5	0. 5	0. 5	0. 5	0. 75	0. 75	0. 75
食盐	0. 3	0. 4	0. 3	0. 2	0. 4	0. 3	0. 3	0. 3
茶多酚	0. 5	0. 6	0. 5	0. 7	0. 6	0. 5	1. 5	0. 5
茶皂素	0. 05	0. 06	0. 05	0. 07	0. 06	0. 05	0. 05	0. 05

以上实施例、对比例饲料的制备方法如下：①将青贮玉米、苜蓿草和燕麦草粉碎成长度为 20mm 的碎段；②称取饲料用各种原料；③按等量递增法混合均匀。

其中，实施例 6 和实施例 1 的配方相同，区别在于实施例 6 的桑树枝粉经过发酵，其中，实施例 7 和实施例 12 的配方相同，区别在于实施例 12 的桑树枝粉经过发酵。

本研究饲料效果试验方法如下。

试验时间与地点：

试验于 2015 年 5 月至 9 月在北京某养牛场进行。

试验动物：荷斯坦奶牛。

试验设计与饲养管理方法：

根据奶牛产奶量、泌乳日龄、胎次相近的原则，选择健康、无疾病的泌乳前期荷斯坦奶牛，随机分为 16 组，每组 15 头，分别饲喂实施例 1～12 和对比例 1～4 的饲料，每天 3 次，每次 8kg。

试验奶牛饲养模式为自由采食、饮水，自由运动，散放式管理。试验牛每天 7：30、14：30、21：30 饲喂，然后挤奶。正式试验前经过 14d 预试验，预试验结束后开始正式试验，正试期 35d，整个试验期共 49d。正试期内每 7d 后于晨饲前 1 小时采集瘤胃液，编号分别为 1#，2#，3#，4#，5#。用口腔采样器采集瘤胃液，4 层纱布过滤后分装存入液氮，将瘤胃液保存在-80℃。

饲料对奶牛瘤胃 pH 值的影响试验结果见表 1-3-3。

表 1-3-3 饲料对奶牛瘤胃 pH 值的影响

	1#	2#	3#	4#	5#
实施例 1	6.43	6.44	6.42	6.45	6.44
实施例 2	6.45	6.46	6.45	6.43	6.45
实施例 3	6.43	6.42	6.45	6.44	6.44
实施例 4	6.33	6.32	6.34	6.35	6.33
实施例 5	6.46	6.45	6.43	6.45	6.44
实施例 6	6.40	6.39	6.35	6.38	6.37
实施例 7	6.46	6.45	6.43	6.45	6.44
实施例 8	6.37	6.36	6.38	6.39	6.38
实施例 9	6.43	6.45	6.44	6.45	6.43
实施例 10	6.32	6.34	6.35	6.35	6.34
实施例 11	6.36	6.38	6.39	6.38	6.37
实施例 12	6.36	6.35	6.36	6.35	6.35
对比例 1	6.46	6.45	6.47	6.48	6.49
对比例 2	6.66	6.65	6.66	6.67	6.68
对比例 3	6.50	6.49	6.47	6.48	6.48
对比例 4	6.43	6.42	6.41	6.44	6.45

从以上结果可以看出，本研究饲料可以显著降低瘤胃 pH 值。

本研究饲料对奶牛瘤胃氨态氮（NH_3-N）的影响结果见表 1-3-4。

表 1-3-4 饲料对奶牛瘤胃氨态氮（NH_3-N）的影响 单位：mg /100ml

	1#	2#	3#	4#	5#
实施例 1	7.37	7.32	7.35	7.36	7.37
实施例 2	7.77	7.74	7.78	7.79	7.78
实施例 3	7.35	7.30	7.34	7.36	7.37
实施例 4	7.35	7.30	7.36	7.37	7.37
实施例 5	7.78	7.74	7.79	7.77	7.78
实施例 6	7.20	7.18	7.25	7.26	7.27
实施例 7	7.76	7.73	7.75	7.75	7.77
实施例 8	7.45	7.35	7.37	7.36	7.39

（续表）

	1#	2#	3#	4#	5#
实施例 9	7.77	7.73	7.78	7.77	7.78
实施例 10	7.48	7.41	7.46	7.47	7.49
实施例 11	7.44	7.35	7.37	7.38	7.40
实施例 12	7.40	7.39	7.41	7.42	7.43
对比例 1	7.98	7.96	7.97	7.99	7.98
对比例 2	8.99	8.98	8.97	8.99	8.96
对比例 3	8.29	8.25	8.30	8.29	8.35
对比例 4	7.77	7.76	7.75	7.79	7.80

由表 1-3-4 可见，对比例相比，各实施例奶牛瘤胃 NH_3-N 浓度均显著降低，从实施例 1，实施例 6 和实施例 7 以及实施例 12 的数据可以看出，桑树枝粉经过发酵的配方，奶牛瘤胃 NH_3-N 浓度降低更明显。从对比例 4 及实施例 12 的数据可以看出，加有槐米的配方，NH_3-N 浓度奶牛瘤胃更低。

本研究饲料对奶牛瘤胃微生物蛋白的影响见表 1-3-5。

表 1-3-5　饲料对奶牛瘤胃微生物蛋白的影响　　单位：mg /ml

	1#	2#	3#	4#	5#
实施例 1	3.12	3.15	3.14	3.13	3.15
实施例 2	3.07	3.10	3.11	3.09	3.10
实施例 3	3.13	3.15	3.16	3.14	3.17
实施例 4	3.35	3.37	3.36	3.38	3.39
实施例 5	3.10	3.12	3.13	3.11	3.12
实施例 6	3.33	3.35	3.34	3.33	3.34
实施例 7	3.09	3.10	3.12	3.09	3.11
实施例 8	3.13	3.15	3.18	3.16	3.17
实施例 9	3.08	3.10	3.12	3.09	3.11
实施例 10	3.32	3.33	3.34	3.35	3.37
实施例 11	3.14	3.15	3.16	3.16	3.17
实施例 12	3.24	3.23	3.25	3.24	3.25
对比例 1	3.05	3.06	3.07	3.06	3.08

（续表）

	1#	2#	3#	4#	5#
对比例 2	2. 87	2. 89	2. 90	2. 89	2. 85
对比例 3	3. 01	3. 02	3. 04	3. 03	3. 02
对比例 4	3. 03	3. 02	3. 04	3. 03	3. 02

由表 1-3-5 可见，对比例相比，各实施例显著提高了微生物蛋白（MCP），MCP 是反刍动物主要的氮源供应者，能提供动物营养所需的 40%～80%的氮源量。因此，微生物蛋白质代谢的好坏决定了瘤胃微生物区系的营养代谢水平。瘤胃微生物中细菌可利用瘤胃发酵产物合成 MCP，随食糜进入真胃为机体提供一半以上所需的反刍动物蛋白。从实施例 1，实施例 6 和实施例 7 以及实施例 12 的数据可以看出，桑树枝粉经过发酵的配方，MCP 量提高的更多。从对比例 4 及实施例 12 的数据可以看出，加有槐米的配方，MCP 量提高的更多。

去除原虫，会降低蛋白质的瘤胃发酵作用，增加蛋白质的利用效率。本研究饲料对瘤胃原虫数量的影响见表 1-3-6。

表 1-3-6　饲料对瘤胃原虫数量的影响　　单位：（%）

	1#	2#	3#	4#	5#
实施例 1	1. 55	1. 54	1. 56	1. 55	1. 57
实施例 2	1. 89	1. 87	1. 77	1. 86	1. 89
实施例 3	1. 56	1. 55	1. 54	1. 57	1. 58
实施例 4	1. 00	1. 03	1. 09	0. 99	0. 98
实施例 5	1. 79	1. 83	1. 87	1. 85	1. 82
实施例 6	1. 45	1. 44	1. 46	1. 43	1. 44
实施例 7	1. 85	1. 82	1. 87	1. 88	1. 86
实施例 8	1. 56	1. 58	1. 57	1. 55	1. 57
实施例 9	1. 83	1. 80	1. 84	1. 85	1. 83
实施例 10	0. 99	0. 98	0. 97	0. 96	0. 98
实施例 11	1. 53	1. 50	1. 52	1. 51	1. 55
实施例 12	1. 78	1. 79	1. 82	1. 77	1. 78
对比例 1	2. 43	2. 45	2. 41	2. 37	2. 40

（续表）

	1#	2#	3#	4#	5#
对比例 2	3. 01	3. 02	3. 00	3. 02	3. 01
对比例 3	1. 99	1. 98	1. 97	1. 98	1. 99
对比例 4	1. 99	1. 97	1. 97	1. 99	1. 99

与对比例相比，各实施例均显著降低了瘤胃原虫的数量。从实施例 1，实施例 6 和实施例 7 以及实施例 12 的数据可以看出，桑树枝粉经过发酵的配方，瘤胃原虫的数量更低。

瘤胃原虫吞噬细菌占瘤胃微生物关系的主导地位，并且其自溶而亡，无法为宿主提供大量微生物蛋白，去除原虫对奶牛的消化更有利。

本研究饲料对奶牛乳成分的影响结果见表 1–3–7，所测数据为试验最后一天的测试结果。

表 1–3–7　饲料对奶牛产奶量和乳成分的影响

	产奶量（kg/头/d）	乳脂率（%）	乳蛋白率（%）	乳糖率（%）	尿素氮（%）	体细胞（万个 /ml）
实施例 1	39. 7	3. 39	3. 09	4. 88	12. 50	40. 23
实施例 2	38. 7	3. 29	3. 05	4. 86	12. 21	40. 68
实施例 3	39. 5	3. 34	3. 09	4. 85	12. 31	41. 16
实施例 4	39. 9	3. 45	3. 08	4. 79	12. 40	40. 50
实施例 5	39. 0	3. 31	3. 10	4. 85	12. 71	41. 12
实施例 6	43. 6	3. 43	3. 23	4. 77	11. 81	38. 27
实施例 7	38. 9	3. 34	3. 05	4. 85	12. 52	40. 65
实施例 8	38. 9	3. 40	3. 08	4. 88	12. 40	41. 07
实施例 9	40. 9	3. 25	3. 07	4. 79	12. 10	42. 56
实施例 10	39. 9	3. 35	3. 06	4. 87	12. 49	41. 06
实施例 11	39. 6	3. 30	3. 05	4. 90	12. 40	41. 12
实施例 12	42. 7	3. 37	3. 20	4. 77	11. 90	38. 70
对比例 1	33. 5	3. 05	2. 95	5. 10	14. 21	46. 20
对比例 2	32. 5	2. 97	2. 86	5. 19	15. 04	47. 03
对比例 3	33. 5	3. 05	2. 95	5. 10	14. 23	46. 20
对比例 4	35. 2	3. 15	2. 99	5. 10	14. 50	46. 30

牛乳的成分含量因各种因素的影响存在很大差异，乳脂是最易受日粮影响的一种乳成分，其余成分随泌乳期、产奶季节及乳脂变化而变化。从本研究试验结果来看，本研究饲料可以显著提高产奶量，并且，有升高乳脂率和乳蛋白率，降低尿素氮、体细胞、乳糖率的作用，有效改善奶牛生产性能。

本技术申请了国家专利保护，申请号为：2016 1 0245130 0

1.4 一种奶牛饲料及其制备方法

1.4.1 技术领域

本研究属于牲畜饲料领域，尤其涉及一种奶牛饲料及其制备方法。

1.4.2 背景技术

奶牛作为一种反刍动物，每天要挤奶，摄取的饲料更多，对饲料的要求更高，研究出适合奶牛的饲料，保证奶牛的瘤胃健康，使奶牛能够产出更高质量的牛奶，是本领域的研究方向之一。

1.4.3 技术解决方案

有鉴于此，本研究克服现有技术的不足而提供一种奶牛饲料及其制备方法，可显著降低奶牛瘤胃 pH 值、NH_3-N 浓度，能显著提高牛奶质量。

本研究的技术方案是：一种奶牛饲料，以重量分数计，由以下原料制成。

青贮玉米 40~50 份，桑树枝粉 5~15 份，苜蓿草 5~10 份，燕麦草 1~6 份，豆粕 4~10 份，酒糟 5~15 份，玉米粉 5~10 份，麦麸 1~5 份，米糠 10~20 份，虾壳粉 10~15 份，鱼骨粉 5~10 份，槐米粉 1~4 份，复合氨基酸粉 3~7 份，磷酸氢钙 1~2 份，碳酸氢钠 0.5~1.0 份，食盐 0.2~0.5 份，茶多酚 0.5~1.0 份，茶皂素 0.05~0.2 份。其中，青贮玉米优选 45~50 份，桑树枝粉优选 10~15 份。其中，酒糟为白酒糟，用高粱、玉米、大麦等几种纯粮发酵而成，具有令人舒适的发酵谷物的味道，略具烤香及麦芽味，不仅可以降低饲料成本，而且对牛有一定的促食、诱食作用，优选 5~10 份。其中，槐米粉优选 2~3 份；茶多酚优选 0.5~0.8 份；茶皂素优选 0.05~0.1 份，皂苷重量含量≥60%；茶多酚与茶皂素的重量配比为（5~10）：1。

本研究的奶牛饲料制备方法，主要包括如下步骤：①将青贮玉米、苜蓿草和燕麦草粉碎成长度为 15~25mm 的碎段；②称取饲料用各种原料；③按等量递增法混合均匀。

混合均匀以后可以直接饲喂，也可以将混合后的混合物加水压制成饼状或块状饲料。

本研究的有益效果如下：①能够显著降低奶牛瘤胃 pH 值、NH_3-N 浓度，但均在正常生理范围；显著提高奶牛瘤胃微生物蛋白产量；②能够显著抑制奶牛瘤胃原虫数量；③显著降低牛奶中乳糖率；提供奶牛乳脂率和乳蛋白率，降低尿素氮和体细胞含量；④能够提高奶牛的泌乳量。

1.4.4　具体实施方式

下面将结合实施例对本研究的实施方案进行详细描述。

表 1-4-1 和表 1-4-2 是实施例 1~12、对比例 1~4 所使用的原料及质量。对比案例 1 是在实施例 6 的基础上去掉了茶多酚，对比案例 2 是在实施例 6 的基础上去掉了茶皂素，对比案例 3 中所用茶多酚与茶皂素的重量配比在（5~10）：1 之外，对比案例 4 是在实施例 12 的基础上去掉了槐米粉，所用茶皂素皂苷含量为 70%。

表 1-4-1　实施例 1~6、对比例 1~2 所使用的原料及质量　　单位：kg

原料＼实施例	实施例 1	实施例 2	实施例 3	实施例 4	实施例 5	实施例 6	对比例 1	对比例 2
青贮玉米	45	41	42	43	44	45	45	45
桑树枝粉	10	12	10	8	6	10	10	10
苜蓿草	10	6	7	8	9	10	10	10
燕麦草	1	5	4	3	2	1	1	1
豆粕	9	5	6	7	8	9	9	9
白酒糟	5	9	8	7	6	5	5	5
玉米粉	10	6	7	8	9	10	10	10
麦麸	5	4	3	2	1	5	5	5
米糠	15	11	12	13	14	15	15	15
虾壳粉	10	14	13	12	11	10	10	10
鱼骨粉	10	6	7	8	9	10	10	10
槐米粉	2	3	2	1	1	2	2	2
复合氨基酸粉	3	4	5	6	7	3	3	3
磷酸氢钙	1	1	1	1	1	1	1	1

（续表）

原料 \ 实施例	实施例1	实施例2	实施例3	实施例4	实施例5	实施例6	对比例1	对比例2
碳酸氢钠	1	1	1	1	1	1	1	1
食盐	0.4	0.3	0.4	0.5	0.5	0.4	0.4	0.4
茶多酚	1.0	0.5	0.6	0.6	0.5	1.0	—	1.0
茶皂素	0.06	0.05	0.06	0.07	0.05	0.06	0.06	—

表1-4-2　实施例7~12、对比例3~4所使用的原料及质量　　单位：kg

原料 \ 实施例	实施例7	实施例8	实施例9	实施例10	实施例11	实施例12	对比例3	对比例4
青贮玉米	45	47	48	49	50	45	45	45
桑树枝粉	10	13	11	9	7	10	10	10
苜蓿草	5	9	8	7	6	5	5	5
燕麦草	6	2	3	4	5	6	6	6
豆粕	5	9	8	7	6	5	5	5
白酒糟	8	12	13	10	9	8	8	8
玉米粉	5	9	8	7	6	5	5	5
麦麸	5	2	3	4	5	5	5	5
米糠	15	17	18	17	16	15	15	15
虾壳粉	15	11	12	13	14	15	15	15
鱼骨粉	5	9	8	7	6	5	5	5
槐米粉	3	2	3	4	4	3	3	-
复合氨基酸粉	7	5	4	3	5	7	7	7
磷酸氢钙	1.5	2	2	2	2	1.5	1.5	1.5
碳酸氢钠	0.75	0.5	0.5	0.5	0.5	0.75	0.75	0.75
食盐	0.3	0.4	0.3	0.2	0.4	0.3	0.3	0.3
茶多酚	0.5	0.6	0.5	0.7	0.6	0.5	1.5	0.5
茶皂素	0.05	0.06	0.05	0.07	0.06	0.05	0.05	0.05

以上实施例、对比案例饲料的制备方法如下：①将青贮玉米、苜蓿草和燕麦草粉碎成长度为20mm的碎段；②称取饲料用各种原料；③按等量递增法混

合均匀。

其中，实施例 6 和实施例 1 的配方相同，区别在于实施例 6 的桑树枝粉经过发酵，其中，实施例 7 和实施例 12 的配方相同，区别在于实施例 12 的桑树枝粉经过发酵。

本研究的饲料效果试验方法如下。

试验时间与地点：

试验于 2015 年 5 月至 9 月在北京某养牛场进行。

试验动物：荷斯坦奶牛。

试验设计与饲养管理方法：

根据奶牛产奶量、泌乳日龄、胎次相近的原则，选择健康、无疾病的泌乳前期荷斯坦奶牛，随机分为 16 组，每组 15 头，分别饲喂实施例 1~12 和对比案例 1~4 的饲料，每天 3 次，每次 8kg。

试验奶牛饲养模式为自由采食、饮水，自由运动，散放式管理。试验牛每天 7：30、14：30、21：30 饲喂，然后挤奶。正式试验前经过 14d 预试验，预试验结束后开始正式试验，正试期 35d，整个试验期共 49d。正试期内每 7d 后于晨饲前 1 小时采集瘤胃液，编号分别为 1#，2#，3#，4#，5#。用口腔采样器采集瘤胃液，4 层纱布过滤后分装存入液氮，将瘤胃液保存在-80 ℃。

饲料对奶牛瘤胃 pH 值的影响试验结果见表 1-4-3。

表 1-4-3　饲料对奶牛瘤胃 pH 值的影响

	1#	2#	3#	4#	5#
实施例 1	6. 41	6. 42	6. 41	6. 43	6. 42
实施例 2	6. 43	6. 43	6. 42	6. 41	6. 42
实施例 3	6. 41	6. 40	6. 43	6. 42	6. 42
实施例 4	6. 31	6. 30	6. 32	6. 33	6. 31
实施例 5	6. 44	6. 43	6. 43	6. 42	6. 42
实施例 6	6. 38	6. 37	6. 34	6. 36	6. 35
实施例 7	6. 46	6. 45	6. 43	6. 45	6. 44
实施例 8	6. 35	6. 36	6. 34	6. 35	6. 38
实施例 9	6. 40	6. 42	6. 44	6. 42	6. 43
实施例 10	6. 30	6. 32	6. 33	6. 35	6. 34
实施例 11	6. 34	6. 36	6. 37	6. 36	6. 37

（续表）

	1#	2#	3#	4#	5#
实施例 12	6. 34	6. 33	6. 34	6. 33	6. 33
对比案例 1	6. 43	6. 43	6. 44	6. 45	6. 46
对比案例 2	6. 64	6. 65	6. 66	6. 67	6. 65
对比案例 3	6. 52	6. 47	6. 47	6. 48	6. 48
对比案例 4	6. 46	6. 44	6. 41	6. 44	6. 45

从以上结果可以看出，本研究的饲料可以显著降低瘤胃 pH 值。

本研究的饲料对奶牛瘤胃氨态氮（NH_3-N）的影响结果见表 1-4-4。

表 1-4-4　饲料对奶牛瘤胃氨态氮（NH_3-N）的影响 单位：mg /100ml

	1#	2#	3#	4#	5#
实施例 1	7. 35	7. 30	7. 31	7. 33	7. 34
实施例 2	7. 72	7. 71	7. 75	7. 74	7. 73
实施例 3	7. 32	7. 27	7. 31	7. 32	7. 33
实施例 4	7. 33	7. 30	7. 32	7. 34	7. 34
实施例 5	7. 76	7. 74	7. 75	7. 74	7. 75
实施例 6	7. 13	7. 11	7. 15	7. 16	7. 17
实施例 7	7. 69	7. 70	7. 72	7. 71	7. 73
实施例 8	7. 41	7. 35	7. 36	7. 34	7. 35
实施例 9	7. 72	7. 70	7. 75	7. 74	7. 74
实施例 10	7. 35	7. 30	7. 32	7. 32	7. 33
实施例 11	7. 40	7. 35	7. 36	7. 36	7. 37
实施例 12	7. 45	7. 43	7. 44	7. 42	7. 43
对比案例 1	7. 91	7. 90	7. 92	7. 93	7. 92
对比案例 2	8. 96	8. 95	8. 93	8. 96	8. 94
对比案例 3	8. 27	8. 23	8. 27	8. 26	8. 25
对比案例 4	7. 73	7. 71	7. 72	7. 74	7. 75

由表 1-4-4 可见，对比案例相比，各实施例奶牛瘤胃 NH_3-N 浓度均显著降低，从实施例 1，实施例 6 和实施例 7 以及实施例 12 的数据可以看出，桑树

枝粉经过发酵的配方，奶牛瘤胃 NH_3-N 浓度降低更明显。从对比案例 4 及实施例 12 的数据可以看出，加有槐米的配方，NH_3-N 浓度奶牛瘤胃更低。

本研究的饲料对奶牛瘤胃微生物蛋白的影响见表 1-4-5。

表 1-4-5　饲料对奶牛瘤胃微生物蛋白的影响　单位：mg／ml

	1#	2#	3#	4#	5#
实施例 1	3. 15	3. 18	3. 17	3. 15	3. 16
实施例 2	3. 10	3. 13	3. 14	3. 11	3. 14
实施例 3	3. 16	3. 18	3. 19	3. 17	3. 19
实施例 4	3. 36	3. 38	3. 36	3. 39	3. 39
实施例 5	3. 15	3. 16	3. 17	3. 15	3. 16
实施例 6	3. 36	3. 38	3. 37	3. 37	3. 38
实施例 7	3. 12	3. 13	3. 15	3. 13	3. 14
实施例 8	3. 15	3. 16	3. 18	3. 18	3. 19
实施例 9	3. 10	3. 12	3. 15	3. 13	3. 14
实施例 10	3. 36	3. 36	3. 37	3. 38	3. 38
实施例 11	3. 17	3. 18	3. 19	3. 18	3. 19
实施例 12	3. 27	3. 26	3. 28	3. 28	3. 29
对比案例 1	3. 06	3. 07	3. 09	3. 07	3. 09
对比案例 2	2. 89	2. 90	2. 92	2. 91	2. 89
对比案例 3	3. 05	3. 06	3. 07	3. 06	3. 04
对比案例 4	3. 06	3. 07	3. 06	3. 05	3. 05

由表 1-4-5 可见，对比案例相比，各实施例显著提高了微生物蛋白（MCP），MCP 是反刍动物主要的氮源供应者，能提供动物营养所需的 40%～80%的氮源量。因此，微生物蛋白质代谢的好坏决定了瘤胃微生物区系的营养代谢水平。瘤胃微生物中细菌可利用瘤胃发酵产物合成 MCP，随食糜进入真胃为机体提供一半以上所需的反刍动物蛋白。从实施例 1，实施例 6 和实施例 7 以及实施例 12 的数据可以看出，桑树枝粉经过发酵的配方，MCP 量提高的更多。从对比案例 4 及实施例 12 的数据可以看出，加有槐米的配方，MCP 量提高的更多。

去除原虫，会降低蛋白质的瘤胃发酵作用，增加蛋白质的利用效率。本研究的饲料对瘤胃原虫数量的影响见表 1-4-6。

表 1-4-6 饲料对瘤胃原虫数量的影响 单位：（%）

	1#	2#	3#	4#	5#
实施例 1	1. 55	1. 54	1. 55	1. 55	1. 56
实施例 2	1. 87	1. 85	1. 77	1. 86	1. 85
实施例 3	1. 56	1. 53	1. 54	1. 55	1. 54
实施例 4	1. 00	1. 01	1. 02	0. 99	0. 98
实施例 5	1. 79	1. 80	1. 82	1. 81	1. 80
实施例 6	1. 44	1. 43	1. 44	1. 43	1. 43
实施例 7	1. 83	1. 80	1. 83	1. 84	1. 83
实施例 8	1. 54	1. 56	1. 55	1. 54	1. 53
实施例 9	1. 81	1. 80	1. 82	1. 83	1. 81
实施例 10	0. 97	0. 95	0. 96	0. 96	0. 96
实施例 11	1. 50	1. 49	1. 50	1. 50	1. 52
实施例 12	1. 75	1. 74	1. 74	1. 75	1. 76
对比案例 1	2. 40	2. 39	2. 38	2. 37	2. 40
对比案例 2	3. 00	3. 01	3. 01	3. 00	3. 00
对比案例 3	1. 97	1. 96	1. 95	1. 96	1. 96
对比案例 4	1. 95	1. 93	1. 94	1. 95	1. 94

与对比案例相比，各实施例均显著降低了瘤胃原虫的数量。从实施例 1，实施例 6 和实施例 7 以及实施例 12 的数据可以看出，桑树枝粉经过发酵的配方，瘤胃原虫的数量更低。

瘤胃原虫吞噬细菌占瘤胃微生物关系的主导地位，并且其自溶而亡，无法为宿主提供大量微生物蛋白，去除原虫对奶牛的消化更有利。

本研究的饲料对奶牛乳成分的影响结果见表 1-4-7，所测数据为试验最后一天的测试结果。

表 1-4-7 饲料对奶牛产奶量和乳成分的影响

	产奶量（kg/头/d）	乳脂率（%）	乳蛋白率（%）	乳糖率（%）	尿素氮（%）	体细胞（万个 /ml）
实施例 1	40. 6	3. 38	3. 14	4. 87	12. 45	39. 23
实施例 2	39. 7	3. 27	3. 10	4. 85	12. 16	39. 68
实施例 3	40. 5	3. 33	3. 15	4. 85	12. 25	40. 10

（续表）

	产奶量（kg/头/d）	乳脂率（%）	乳蛋白率（%）	乳糖率（%）	尿素氮（%）	体细胞（万个/ml）
实施例 4	40. 8	3. 43	3. 14	4. 80	12. 42	39. 45
实施例 5	40. 0	3. 30	3. 17	4. 82	12. 61	40. 12
实施例 6	44. 4	3. 41	3. 29	4. 75	11. 76	37. 27
实施例 7	39. 9	3. 32	3. 09	4. 83	12. 47	39. 60
实施例 8	39. 9	3. 40	3. 14	4. 85	12. 38	40. 00
实施例 9	41. 9	3. 24	3. 14	4. 77	12. 05	41. 56
实施例 10	41. 0	3. 34	3. 13	4. 84	12. 45	40. 06
实施例 11	40. 6	3. 29	3. 10	4. 87	12. 34	40. 15
实施例 12	43. 9	3. 35	3. 25	4. 74	11. 79	37. 70
对比案例 1	34. 5	3. 03	2. 96	5. 09	14. 20	45. 20
对比案例 2	32. 9	2. 96	2. 89	5. 15	15. 00	46. 03
对比案例 3	34. 5	3. 04	2. 94	5. 08	14. 17	45. 20
对比案例 4	36. 2	3. 14	3. 00	5. 09	14. 45	45. 33

牛乳的成分含量因各种因素的影响存在很大差异，乳脂是最易受日粮影响的一种乳成分，其余成分随泌乳期、产奶季节及乳脂变化而变化。从本研究试验结果来看，本研究的饲料可以显著提高产奶量，并且有升高乳脂率和乳蛋白率，降低尿素氮、体细胞、乳糖率的作用，有效改善奶牛生产性能。

本技术申请了国家专利保护，申请号为：2016 1 0245128 3

1.5 一种奶牛用茶皂素饲料及其制备方法

1.5.1 技术领域

本研究属于牲畜饲料领域，尤其涉及一种奶牛用茶皂素饲料及其制备方法。

1.5.2 背景技术

在畜禽养殖生产中，茶皂素还可被添加在奶牛日粮中，但大多用量过大，产奶量大的同时，也容易增加牛奶中体细胞的含量，影响人体健康。

1.5.3　技术解决方案

本研究克服现有技术的不足而提供一种奶牛用茶皂素饲料的制备方法，可显著降低奶牛瘤胃 pH 值、NH_3-N 浓度，能显著提高牛奶质量，特别能降低牛奶中的体细胞含量。

本研究的技术方案是：一种奶牛用茶皂素饲料，以重量分数计，由以下原料制成。

青贮玉米 40~50 份，桑树枝粉 5~15 份，苜蓿草 5~10 份，燕麦草 1~6 份，豆粕 4~10 份，酒糟 5~15 份，玉米粉 5~10 份，麦麸 1~5 份，米糠 10~20 份，虾壳粉 10~15 份，鱼骨粉 5~10 份，银花藤 1~5 份，磷酸氢钙 1~2 份，碳酸氢钠 0.5~1.0 份，食盐 0.2~0.5 份，茶多酚 0.5~1.0 份，茶皂素 0.05~0.2 份。其中，青贮玉米优选 45~50 份，桑树枝粉优选 10~15 份。其中，酒糟为白酒糟，用高粱、玉米、大麦等几种纯粮发酵而成，具有令人舒适的发酵谷物的味道，略具烤香及麦芽味，不仅可以降低饲料成本，而且，对牛有一定的促食、诱食作用，优选 5~10 份。其中，银花藤优选 3~5 份；其中，茶多酚优选 0.5~0.8 份；其中，茶皂素优选 0.05~0.1 份，皂苷重量含量≥60%；其中，茶多酚与茶皂素的重量配比为（5~10）：1。其中，桑树枝粉最好发酵。

本研究奶牛用茶皂素饲料的制备方法，其主要包括如下步骤：①将青贮玉米、苜蓿草和燕麦草粉碎成长度为 15~25mm 的碎段；②称取饲料用各种原料；③按等量递增法混合均匀。

混合均匀以后可以直接饲喂，也可以将混合后的混合物加水压制成饼状或块状饲料。

本研究的有益效果如下：①能够显著降低奶牛瘤胃 pH 值、NH_3-N 浓度，但均在正常生理范围；显著提高奶牛瘤胃微生物蛋白产量；②能够显著抑制奶牛瘤胃原虫数量；③显著降低牛奶中乳糖率；提供奶牛乳脂率和乳蛋白率，降低尿素氮和体细胞含量；④能够提高奶牛的泌乳量。

1.5.4　具体实施方式

下面将结合实施例对本研究的实施方案进行详细描述。

表 1-5-1 和表 1-5-2 是实施例 1-12、对比例 1-4 所使用的原料及质量。对比例 1 是在实施例 6 的基础上去掉了茶多酚，对比例 2 是在实施例 6 的基础上去掉了茶皂素，对比例 3 中所用茶多酚与茶皂素的重量配比在（5-10）：1

之外，对比例 4 是在实施例 12 的基础上去掉了银花藤，所用茶皂素皂苷含量为 70%。

表 1-5-1　实施例 1~6、对比例 1~2 所使用的原料及质量　单位：kg

原料＼实施例	实施例 1	实施例 2	实施例 3	实施例 4	实施例 5	实施例 6	对比例 1	对比例 2
青贮玉米	45	41	42	43	44	45	45	45
桑树枝粉	10	12	10	8	6	10	10	10
苜蓿草	10	6	7	8	9	10	10	10
燕麦草	1	5	4	3	2	1	1	1
豆粕	9	5	6	7	8	9	9	9
白酒糟	5	9	8	7	6	5	5	5
玉米粉	10	6	7	8	9	10	10	10
麦麸	5	4	3	2	1	5	5	5
米糠	15	11	12	13	14	15	15	15
虾壳粉	10	14	13	12	11	10	10	10
鱼骨粉	10	6	7	8	9	10	10	10
银花藤	5	3	5	4	4	5	5	5
磷酸氢钙	1	1	1	1	1	1	1	1
碳酸氢钠	1	1	1	1	1	1	1	1
食盐	0.4	0.3	0.4	0.5	0.5	0.4	0.4	0.4
茶多酚	1.0	0.5	0.6	0.6	0.5	1.0	—	1.0
茶皂素	0.06	0.05	0.06	0.07	0.05	0.06	0.06	—

表 1-5-2　实施例 7~12、对比例 3~4 所使用的原料及质量　单位：kg

原料＼实施例	实施例 7	实施例 8	实施例 9	实施例 10	实施例 11	实施例 12	对比例 3	对比例 4
青贮玉米	45	47	48	49	50	45	45	45
桑树枝粉	10	13	11	9	7	10	10	10
苜蓿草	5	9	8	7	6	5	5	5
燕麦草	6	2	3	4	5	6	6	6
豆粕	5	9	8	7	6	5	5	5

（续表）

原料＼实施例	实施例7	实施例8	实施例9	实施例10	实施例11	实施例12	对比例3	对比例4
白酒糟	8	12	13	10	9	8	8	8
玉米粉	5	9	8	7	6	5	5	5
麦麸	5	2	3	4	5	5	5	5
米糠	15	17	18	17	16	15	15	15
虾壳粉	15	11	12	13	14	15	15	15
鱼骨粉	5	9	8	7	6	5	5	5
银花藤	3	3	3	4	4	3	3	–
磷酸氢钙	1.5	2	2	2	2	1.5	1.5	1.5
碳酸氢钠	0.75	0.5	0.5	0.5	0.5	0.75	0.75	0.75
食盐	0.3	0.4	0.3	0.2	0.4	0.3	0.3	0.3
茶多酚	0.5	0.6	0.5	0.7	0.6	0.5	1.5	0.5
茶皂素	0.05	0.06	0.05	0.07	0.06	0.05	0.05	0.05

以上实施例、对比例饲料的制备方法如下：①将青贮玉米、苜蓿草和燕麦草粉碎成长度为20mm的碎段；②称取饲料用各种原料；③按等量递增法混合均匀。

其中，实施例6和实施例1的配方相同，区别在于实施例6的桑树枝粉经过发酵，其中，实施例7和实施例12的配方相同，区别在于实施例12的桑树枝粉经过发酵。

本研究饲料效果试验方法如下。

试验时间与地点：

试验于2015年5月至9月在北京某养牛场进行。

试验动物：荷斯坦奶牛。

试验设计与饲养管理方法：

根据奶牛产奶量、泌乳日龄、胎次相近的原则，选择健康、无疾病的泌乳前期荷斯坦奶牛，随机分为16组，每组15头，分别饲喂实施例1~12和对比例1~4的饲料，每天3次，每次8kg。

试验奶牛饲养模式为自由采食、饮水，自由运动，散放式管理。试验牛每天7：30、14：30、21：30饲喂，然后挤奶。正式试验前经过14d预试验，预试验结束后开始正式试验，正试期35d，整个试验期共49d。正试期内每7d后于晨饲前 1 小时采集瘤胃液，编号分别为 1#，2#，3#，4#，5#。用口腔采样器采集瘤胃液，4 层纱布过滤后分装存入液氮，将瘤胃液保存在 -80℃。

饲料对奶牛瘤胃 pH 值的影响试验结果见表 1-5-3。

表 1-5-3　饲料对奶牛瘤胃 pH 值的影响

	1#	2#	3#	4#	5#
实施例 1	6.44	6.45	6.44	6.46	6.46
实施例 2	6.46	6.47	6.47	6.45	6.45
实施例 3	6.46	6.44	6.47	6.46	6.46
实施例 4	6.34	6.33	6.34	6.35	6.33
实施例 5	6.47	6.45	6.44	6.45	6.44
实施例 6	6.41	6.39	6.35	6.38	6.37
实施例 7	6.47	6.45	6.43	6.45	6.43
实施例 8	6.38	6.36	6.38	6.39	6.37
实施例 9	6.46	6.45	6.43	6.45	6.45
实施例 10	6.32	6.34	6.37	6.36	6.36
实施例 11	6.36	6.38	6.36	6.38	6.37
实施例 12	6.36	6.35	6.36	6.35	6.35
对比例 1	6.46	6.45	6.47	6.46	6.49
对比例 2	6.76	6.75	6.76	6.77	6.78
对比例 3	6.51	6.49	6.47	6.48	6.49
对比例 4	6.44	6.42	6.41	6.44	6.43

从以上结果可以看出，本研究饲料可以显著降低瘤胃 pH 值。

本研究饲料对奶牛瘤胃氨态氮（NH_3-N）的影响结果见表 1-5-4。

表 1-5-4　饲料对奶牛瘤胃氨态氮（NH_3-N）的影响 单位：mg /100ml

	1#	2#	3#	4#	5#
实施例 1	7.38	7.32	7.35	7.36	7.37
实施例 2	7.77	7.74	7.78	7.79	7.77
实施例 3	7.34	7.30	7.34	7.35	7.37
实施例 4	7.35	7.31	7.36	7.36	7.37

（续表）

	1#	2#	3#	4#	5#
实施例 5	7.77	7.74	7.78	7.77	7.78
实施例 6	7.20	7.17	7.21	7.22	7.23
实施例 7	7.75	7.73	7.75	7.75	7.76
实施例 8	7.40	7.35	7.37	7.38	7.39
实施例 9	7.77	7.73	7.78	7.79	7.78
实施例 10	7.37	7.32	7.36	7.37	7.38
实施例 11	7.43	7.35	7.37	7.38	7.40
实施例 12	7.49	7.49	7.51	7.52	7.53
对比例 1	7.98	7.99	7.97	7.99	7.99
对比例 2	8.99	8.96	8.97	8.99	8.99
对比例 3	8.27	8.22	8.30	8.29	8.30
对比例 4	7.77	7.76	7.75	7.79	7.80

由表 1-5-4 可见，对比例相比，各实施例奶牛瘤胃 NH_3-N 浓度均显著降低，从实施例 1，实施例 6 和实施例 7 以及实施例 12 的数据可以看出，桑树枝粉经过发酵的配方，奶牛瘤胃 NH_3-N 浓度降低更明显。从对比例 4 及实施例 12 的数据可以看出，加有银花藤的配方，NH_3-N 浓度奶牛瘤胃更低。

本研究饲料对奶牛瘤胃微生物蛋白的影响见表 1-5-5。

表 1-5-5 饲料对奶牛瘤胃微生物蛋白的影响 单位：mg /ml

	1#	2#	3#	4#	5#
实施例 1	3.15	3.16	3.14	3.17	3.15
实施例 2	3.09	3.10	3.11	3.09	3.11
实施例 3	3.13	3.15	3.16	3.18	3.17
实施例 4	3.35	3.38	3.36	3.38	3.39
实施例 5	3.11	3.14	3.15	3.14	3.15
实施例 6	3.35	3.37	3.36	3.35	3.36
实施例 7	3.11	3.11	3.12	3.12	3.11
实施例 8	3.15	3.17	3.18	3.19	3.17

(续表)

	1#	2#	3#	4#	5#
实施例 9	3.10	3.12	3.12	3.13	3.11
实施例 10	3.34	3.35	3.36	3.35	3.37
实施例 11	3.16	3.17	3.16	3.19	3.17
实施例 12	3.26	3.25	3.27	3.26	3.27
对比例 1	3.02	3.04	3.05	3.04	3.06
对比例 2	2.85	2.87	2.88	2.87	2.85
对比例 3	3.00	3.01	3.03	3.02	3.01
对比例 4	3.03	3.02	3.02	3.01	3.01

由表 1－5－5 可见，对比例相比，各实施例显著提高了微生物蛋白（MCP），MCP 是反刍动物主要的氮源供应者，能提供动物营养所需的 40%～80%的氮源量。因此，微生物蛋白质代谢的好坏决定了瘤胃微生物区系的营养代谢水平。瘤胃微生物中细菌可利用瘤胃发酵产物合成 MCP，随食糜进入真胃为机体提供一半以上所需的反刍动物蛋白。从实施例 1，实施例 6 和实施例 7 以及实施例 12 的数据可以看出，桑树枝粉经过发酵的配方，MCP 量提高的更多。从对比例 4 及实施例 12 的数据可以看出，加有银花藤的配方，MCP 量提高的更多。

去除原虫，会降低蛋白质的瘤胃发酵作用，增加蛋白质的利用效率。本研究饲料对瘤胃原虫数量的影响见表 1–5–6。

表 1–5–6　饲料对瘤胃原虫数量的影响　　单位：(%)

	1#	2#	3#	4#	5#
实施例 1	1.53	1.54	1.56	1.55	1.56
实施例 2	1.88	1.87	1.77	1.84	1.85
实施例 3	1.57	1.55	1.54	1.57	1.55
实施例 4	1.00	1.02	1.01	0.99	0.98
实施例 5	1.77	1.80	1.84	1.83	1.82
实施例 6	1.43	1.44	1.45	1.43	1.44
实施例 7	1.83	1.82	1.85	1.87	1.86
实施例 8	1.56	1.55	1.57	1.55	1.57

（续表）

	1#	2#	3#	4#	5#
实施例 9	1. 80	1. 80	1. 84	1. 85	1. 83
实施例 10	0. 97	0. 98	0. 97	0. 96	0. 95
实施例 11	1. 51	1. 50	1. 52	1. 51	1. 53
实施例 12	1. 77	1. 79	1. 77	1. 77	1. 76
对比例 1	2. 45	2. 43	2. 40	2. 37	2. 40
对比例 2	3. 04	3. 02	3. 00	3. 03	3. 01
对比例 3	1. 97	1. 98	1. 97	1. 98	1. 96
对比例 4	1. 98	1. 97	1. 97	1. 99	1. 95

与对比例相比，各实施例均显著降低了瘤胃原虫的数量。从实施例 1，实施例 6 和实施例 7 以及实施例 12 的数据可以看出，桑树枝粉经过发酵的配方，瘤胃原虫的数量更低。

瘤胃原虫吞噬细菌占瘤胃微生物关系的主导地位，并且其自溶而亡，无法为宿主提供大量微生物蛋白，去除原虫对奶牛的消化更有利。

本研究饲料对奶牛乳成分的影响结果见表 1-5-7，所测数据为试验最后一天的测试结果。

表 1-5-7　饲料对奶牛产奶量和乳成分的影响

	产奶量（kg/头/d）	乳脂率（%）	乳蛋白率（%）	乳糖率（%）	尿素氮（%）	体细胞（万个 /ml）
实施例 1	39. 9	3. 39	3. 10	4. 78	12. 21	32. 23
实施例 2	38. 9	3. 29	3. 06	4. 76	11. 92	32. 68
实施例 3	39. 8	3. 34	3. 10	4. 75	12. 11	33. 16
实施例 4	40. 1	3. 45	3. 09	4. 69	12. 10	32. 50
实施例 5	39. 3	3. 31	3. 11	4. 75	12. 40	33. 12
实施例 6	43. 9	3. 43	3. 25	4. 67	11. 72	30. 27
实施例 7	38. 9	3. 34	3. 06	4. 75	12. 40	32. 65
实施例 8	38. 9	3. 40	3. 09	4. 78	11. 71	33. 07
实施例 9	40. 9	3. 25	3. 09	4. 70	12. 05	32. 56
实施例 10	39. 9	3. 35	3. 07	4. 78	12. 10	33. 06
实施例 11	39. 8	3. 30	3. 07	4. 80	12. 10	33. 12

（续表）

	产奶量（kg/头/d）	乳脂率（%）	乳蛋白率（%）	乳糖率（%）	尿素氮（%）	体细胞（万个 /ml）
实施例 12	42.9	3.37	3.24	4.67	11.90	30.70
对比例 1	33.5	3.05	2.92	5.11	14.07	46.10
对比例 2	32.5	2.97	2.86	5.19	15.12	47.01
对比例 3	33.5	3.05	2.93	5.12	14.07	46.10
对比例 4	35.2	3.15	2.95	5.13	14.50	56.20

牛乳的成分含量因各种因素的影响存在很大差异，乳脂是最易受日粮影响的一种乳成分，其余成分随泌乳期、产奶季节及乳脂变化而变化。从本研究试验结果来看，本研究饲料可以显著提高产奶量，并且，有升高乳脂率和乳蛋白率，降低尿素氮、体细胞、乳糖率的作用，有效改善奶牛生产性能。

本技术申请了国家专利保护，申请号为：2016 1 0245126 4

1.6 茶皂素在提高奶牛产奶性能中的用途

1.6.1 技术领域

本研究涉及茶皂素的新用途，尤其涉及茶皂素在提高奶牛产奶性能中的用途，属于茶皂素的应用领域。

1.6.2 背景技术

在奶牛养殖过程中，奶牛的生产性能和疾病抵抗能力会受到外界环境、饲料营养水平和病原微生物入侵等因素的影响，这些因素会直接影响奶牛的生产效益。随着消费者对牛乳需求量的逐年增加，对乳品质要求也越发严格。中国奶产量虽每年都有所增长，但乳品质问题却屡屡发生，严重影响乳产品的销量及出口。

茶皂素（$C_{57}H_{90}O_{16}$）为从山茶属植物中分离的酯皂苷。纯茶皂素为白色微细柱状结晶体，活性物含量大于 60%时，为黄色或棕色粉末，pH 值 5.0~6.5，熔点为 223~224℃，表面张力为 47~51 N。大量研究证明，在动物饲粮中添加适量茶皂素能够提高其生产性能、提高机体免疫力、改善动物产品品质。但有关茶皂素对奶牛产奶性能及乳品质的影响报道较少。

1.6.3 技术解决方案

本研究要解决的技术问题是提供茶皂素在提高奶牛产奶性能及乳品质中的新用途，采取的技术方案是茶皂素的饲喂剂量为20～40g/d；优选的，茶皂素的饲喂剂量为20～30g/d；最优选为30g/d。

本研究对奶牛品种没有特殊限制，优选为荷斯坦奶牛。提高奶牛的牛乳品质包括：提高牛乳的乳脂率，降低牛乳的尿素氮含量，降低牛乳的饱和脂肪酸含量或提高牛乳中n-3/n-6族脂肪酸比例中的一种或多种。

本研究通过在奶牛基础日粮基础上添加不同用量的茶皂素，考察茶皂素对奶牛产奶量，牛奶乳脂率、尿素氮以及对牛奶脂肪酸组成的影响。结果表明，添加20～30g/d茶皂素有提高泌乳奶牛产奶量的趋势，但与对照组之间没有显著差异（$P>0.05$）；添加32～40g/d茶皂素奶牛产奶量较对照组显著降低（$P<0.05$），说明高剂量茶皂素对奶牛的产奶量有抑制作用。

牛乳中的脂肪是其重要组成部分，也是衡量牛奶品质的重要指标，更是使牛奶作为含有高营养食品的重要条件，乳脂率对于奶牛饲养经济效益的高低具有重要意义。本研究实验结果表明，茶皂素用量在8～28g/d，试验组总体乳脂水平均低于对照组，且变化趋势与对照组趋于一致，各试验阶段均未表现出明显差异（$P>0.05$）；茶皂素用量30g/d，在饲养试验第14～42d，乳脂率较对照组显著提高（$P<0.05$），分别提高了41.1%、45.9%、37.3%、36.2%和38.1%（$P<0.05$）。茶皂素用量在32～40g/d，试验组乳脂率水平高于对照组，但差异不显著。可见，添加30g茶皂素对奶牛的产奶量没有明显影响，但显著地提高了乳脂率。

牛奶尿素氮（MUN）是生产性能测定（DHI）必备的检测指标之一，可以及时反映奶牛日粮水平、瘤胃降解蛋白含量以及能氮平衡等。一般而言，牛奶中尿素氮过高说明日粮中蛋白质含量过高或能量不足。本研究茶皂素对牛乳尿素氮的影响结果表明，各试验组整体尿素氮水平较对照组降低；其中，30～40g/d茶皂素组较对照降低显著（$P<0.05$）；而30g/d茶皂素组在第14～42d下降最显著，显著低于对照及其他试验组，与对照组相比分别下降了18.9%～26.0%（$P<0.05$）。

乳脂是决定牛乳营养价值的重要指标之一，主要由脂肪酸的组成和含量决定乳脂的营养价值。脂肪酸根据碳氢饱和与不饱和的不同可分为3类，乳脂大约含有质量分数为70%的饱和脂肪酸（SFA），27%的单不饱和脂肪酸（MUFA）和3%的多不饱和脂肪酸（PUFA）；牛乳中如果含有大量的SFA则容易造成血中胆固醇含量的增加，进而提升了人类患动脉硬化及冠心病等疾病的风险；而 PUFA 有降低血胆固醇及低密度脂蛋白胆固醇水平的功能，可以降低人类患冠心病等疾病的风险；PUFA 是指碳链中含有 2 个及 2 个以上双键的脂肪酸，按照脂肪酸的 n 编号系统，PUFA 主要分为 n-3、n-6、n-7 和 n-9 这几种，中国营养学会也公布了中国居民膳食结构中 n-3/n-6 最理想的搭配为 1：（4~6），可以通过 n-3/n-6 比值来评定奶牛乳品质的质量。

对于牛乳中的 SFA 来说，本研究 30g 剂量组 SFA 含量较对照组显著下降（$P<0.05$）；在试验第 14~42d，分别较对照组显著下降 16.7%、19.8%、24.6%、29.6%和 21.0%（$P<0.05$），表明 30g 剂量的茶皂素能够起到显著降低牛乳饱和脂肪酸含量的作用。添加茶皂素会提高 n-3/n-6 值，茶皂素剂量为 30g，在试验第 21~42d 时，n-3/n-6 值与对照组相比显著提高，分别提高了 51.5%、20.6%、23.3% 和 18.0%（$P<0.05$），n-3/n-6 值更接近 0.17~0.25。

综上，本研究添加适宜剂量的茶皂素具有提高奶牛的产奶性能和牛乳品质的作用；茶皂素的添加量为 30g/d，可以提高奶牛产奶量，显著提高乳脂率，显著降低牛乳中饱和脂肪酸含量以及提高 n-3/n-6 族脂肪酸比例。

1.6.4 具体实施方式

下面结合具体实施例来进一步描述本研究。

茶皂素购自浙江某公司，皂苷含量≥56%；荷斯坦奶牛由北京某奶牛养殖中心提供。

实施例奶牛饲料添加剂的制备：按照以下重量称取各原料（单位：千克）：茶皂素 0.5，载体无水葡萄糖 8，混合均匀，即得。

本研究饲料效果试验方法如下。

试验时间与地点：

试验于 2014 年 7 月至 9 月在北京某牛场进行。

试验动物：荷斯坦奶牛。

试验设计与饲养管理方法：

根据奶牛产奶量、泌乳日龄、胎次相近的原则，选择健康、无疾病的泌乳前期荷斯坦奶牛，随机分为 9 组，每组 5 头，分别为对照组、试验 1~8 组。正式试验前经过 7d 预试验，预试验结束后开始正式试验，正试期 35d，整个试验期共 42d。

试验奶牛饲养模式为自由采食、饮水，自由运动，散放式管理。对照组和各试验组分别饲喂添加0g/d、8g/d、20g/d、25g/d、28g/d、30g/d、32g/d、35g/d和40g/d的茶皂素于全混合日粮（TMR）中，各组基础日粮相同。饲喂时间及方式为每天早晨上料时将茶皂素一次性逐头奶牛添加饲喂，每天早晨（8：00）、下午（14：00）、晚上（21：00）共挤奶3次。试验日粮的组成及营养成分详见表1-6-1。

表1-6-1　TMR组成及营养水平（干物质基础）

原料	配比（%）	营养成分	含量
膨化大豆 Extruded soybean	3.00	干物质采食量 DM intak（kg）	14.0
美加利 Megalac	0.90	净能 NE（Mj/kg）	1.76
青贮玉米 Corn silage	46.3	粗脂肪 EE（%）	3.00
苜蓿草 Alfalfa hay，dry	6.90	粗蛋白质 CP（%）	10.20
燕麦草 Oat grass	2.40	酸性洗涤纤维 ADF（%）	9.70
DDGS Com Dry Distiller Grain+sol	4.40	中性洗涤纤维 NDF（%）	18.20
玉米皮粉 Corn bran	3.70	钙 Ca（%）	0.46
甘蜜素 Sodium cyclamate	2.40	磷 P（%）	0.42
压片玉米 Pressure corn piece	4.40		
燕麦 Oat	1.50		
大麦 Barley	2.66		
玉米 Corn	9.86		
双低 canola meal	1.07		
棉粕 Cottonseed meal	1.07		
麸皮 Bran	2.66		
豆粕 bran pulp	5.10		
食盐 Salt	0.27		
石粉 Limestone	0.48		
苏打 soda	0.59		
泌乳预混料 Premix	0.30		
麦特霉胶素 MT-BOND	0.04		

测定指标：

（1）干物质采食量：如有剩余饲料时，则每日须详细称出日粮的剩余量，测定其采食量，以便计算奶牛每日的净食入量。

（2）产奶量：产奶量测定从预饲期开始到试验结束，每天记录试验牛早、中、晚 3 次的产奶量。以 7d 为一个测定阶段，分别计算该阶段平均产奶量，整个试验期共分为 6 个阶段。

（3）牛奶乳脂率、尿素氮含量：每个测定阶段（整个试验期第 7d、14d、21d、28d、35d、42d）按产奶量比例（早：中：晚=4：3：3）共收集 50ml 奶样，置于 DHI 专用样品瓶中，每毫升乳样加入 0.6mg 重铬酸钾防腐剂，贮存于 4℃冰箱中，迅速送至北京三元奶牛中心，采用全自动超声波乳成分分析仪测定乳脂、尿素氮的含量。乳样的具体收集方法如下：该牛场采用管道式挤奶装置，牛奶计量器携带取奶装置，打开开关可以直接将牛奶置入 DHI 管中。

牛奶脂肪酸含量测定

取样与分析

取样时间及配比与步骤 2.3 相同，共采集 150ml 奶样分装在 3 个 50ml 离心管中，每管约 50ml，采集完毕放入冰盒中，运送回实验室储存于-20℃冰箱中待测脂肪酸组成和含量。

方法参照 GB 5413.27-2010，采用气相色谱法，以十九碳脂肪酸为内标，使用二阶程序升温法分离检测。

仪器与试剂

气相色谱仪：岛津 HP6890，配氢火焰离子化检测器（FID），自动进样器；

高纯氮气（99.99%）；

高纯氢气（99.99%）；

钢瓶普通空气；

37 种脂肪酸甲酯混标、十九碳脂肪酸甲酯、CLA 甲酯加入同一个进样瓶中，进行标准谱图的测定；

试验所用试剂与配制方法：

本方法所用试剂均为分析纯以上规格，水为 GB/T6682 所规定的一级水。

乙酰氯-甲醇溶液（体积分数为 10%）；临用前配制；

十九碳脂肪酸甲酯溶液：准确称量 1g 十九碳脂肪酸甲酯标准品，精确到 0.0001g，全部加入到甲苯中溶液，用甲苯定容至干燥的 1 000ml 容量瓶中。-20℃保存备用，使用前 30min 取出室温放置。

牛奶样品中脂肪酸的提取及甲酯化方法

取 5ml 奶样放在小烧杯中，记录干燥前奶样的重量，然后放置于真空冷冻干燥机上-80℃冷冻干燥，干燥的奶样成粉状，颜色为奶白色。干燥后的奶样样品放置在干燥器中，然后迅速进行脂肪酸的提取。

取0.1g左右的干燥奶样样品放入带螺旋盖的试管中，记录称样量。在样品中加入10%乙酰氯甲醇溶液4.0ml，3.5ml十九碳脂肪酸甲酯甲苯溶液，1.5ml甲苯，旋紧试管螺旋盖，震荡混合后置于温度为-80±1℃水浴中2h，期间每隔20min取出试管震摇一次。水浴结束后取出试管冷却至室温、在反应后的样液中加入5ml碳酸钠溶液，静置过夜。取0.6ml上清液作为试液加入进样瓶中，气相色谱仪测定。

气相色谱检测条件

色谱柱：DB-23；

毛细管柱：60m×0.25mm，内径250μm；

进样量：1μl；

柱温升温程序：60℃保持1min，然后以20℃/min到150℃保持10min，以5℃/min到190℃保持25min，以20℃/min到200℃保持20min，然后以10℃/min到220℃保持5min。总运行时间为36min。

分流比：30：1；

进样口温度：250℃；

检测器温度：300℃；

牛乳脂肪酸含量的计算公式：

牛乳单一脂肪酸含量=（C19：0重量/C19：0峰面积×单一脂肪酸峰面积）/（样品重量/干物质重量×干燥前牛乳重量）。

数据处理与统计分析

试验基础数据经Excel 2007初步整理后，用SPSS17.0进行统计分析。试验各组之间的差异采用单因子方差（One-way ANOVA）分析，多重比较采用最小显著差数法（LSD），结果用平均值±标准误（Mean±SE）表示，显著水平为$P<0.05$。

试验结果

茶皂素对奶牛每头每天的平均采食量的影响见表1-6-2。

表1-6-2 茶皂素对奶牛采食量的影响（kg/头/d）

试验期	处理组								
	对照组	1组（8g/d）	2组（20g/d）	3组（25g/d）	4组（28g/d）	5组（30g/d）	6组（32g/d）	7组（35g/d）	8组（40g/d）
第7d	25.58±1.42	25.68±1.12	25.74±2.58	25.52±1.32	25.47±1.72	25.48±1.89	25.51±1.44	25.38±1.22	25.48±1.67

（续表）

试验期	处理组								
	对照组	1组（8g/d）	2组（20g/d）	3组（25g/d）	4组（28g/d）	5组（30g/d）	6组（32g/d）	7组（35g/d）	8组（40g/d）
第14d	25.54±1.87	25.54±1.02	26.94±1.23	25.65±1.61	25.75±1.42	26.06±0.84	25.78±1.02	25.18±1.42	24.42±2.07
第21d	25.40±2.64	25.48±1.40	24.78±1.52	25.57±1.30	25.08±1.08	25.04±0.10	25.03±0.72	25.38±1.05	25.46±2.13
第28d	24.98±0.94	25.25±1.52	25.58±2.09	25.68±0.95	25.12±1.49	25.08±1.07	25.01±1.52	25.11±1.43	24.92±0.98
第35d	25.08±1.30	25.62±1.51	25.72±0.83	25.46±1.45	25.05±1.02	24.74±1.59	24.78±1.45	25.04±2.42	24.98±0.93
第42d	25.32±1.04	25.35±1.22	25.30±0.62	25.38±1.42	25.14±2.41	25.18±1.64	25.15±1.04	25.38±1.02	25.32±1.00

注：表中同行肩标含相同小写字母表示差异不显著（$P>0.05$）；同行肩标不含相同小写字母表示差异显著（$P<0.05$）

结果表明，添加不同水平茶皂素对泌乳奶牛平均日采食量影响较小，差异不显著（$P>0.05$）。

茶皂素对奶牛产奶量影响见表1-6-3。

表1-6-3　茶皂素对奶牛产奶量的影响（kg/头/d）

试验期	处理组								
	对照组	1组（8g/d）	2组（20g/d）	3组（25g/d）	4组（28g/d）	5组（30g/d）	6组（32g/d）	7组（35g/d）	8组（40g/d）
第7d	30.98±6.89	31.03±4.29	34.03±2.59	34.12±3.52	34.23±5.52	34.99±4.57	30.56±4.25	28.90±4.36	21.60±8.04
第14d	31.53±8.07[a]	31.58±5.17[a]	34.97±4.22[a]	35.11±4.42[a]	35.56±6.26[a]	37.64±2.16[a]	23.82±4.13[b]	23.54±2.12[b]	22.74±5.21[b]
第21d	31.54±8.67[a]	31.56±3.64[a]	35.25±3.34[a]	35.37±4.33[a]	36.05±4.58[a]	38.91±4.34[a]	23.66±4.15[b]	23.25±3.16[b]	23.05±6.97[b]
第28d	34.70±6.25[a]	34.62±8.07[a]	35.90±2.80[a]	36.12±3.55[a]	36.98±3.80[a]	39.72±5.33[a]	25.64±2.16[b]	25.42±6.15[b]	25.38±8.60[b]
第35d	35.50±8.02[a]	35.57±4.16[a]	37.09±4.02[a]	37.15±4.15[a]	37.78±4.22[a]	39.88±5.39[a]	27.75±5.19[b]	27.50±5.66[b]	27.22±7.98[b]
第42d	38.80±7.13[a]	38.82±6.56[a]	39.00±4.49[a]	39.45±4.19[a]	39.80±3.25[a]	41.22±5.96[a]	31.34±4.16[b]	31.12±3.56[b]	30.00±3.24[b]

注：表中同行肩标含相同小写字母表示差异不显著（$P>0.05$）；同行肩标不含相同小写字母表示差异显著（$P<0.05$）

表1-6-3结果表明，在整个试验阶段试验1～5组的产奶量与对照组之间

没有显著差异（$P>0.05$）；其中，茶皂素用量在8~30g/d，奶牛产奶量均有不同程度的升高；在试验第21d，试验5组（30 g/d）的产奶量较对照组增幅最大，增加7.37kg，说明添加适量茶皂素有提高泌乳奶牛产奶量的趋势。

茶皂素用量在32~40g/d，奶牛产奶量较对照组显著降低（$P<0.05$）；其中，试验8组（40g/d）产奶量较对照组降低最显著，试验第14d，试验8组的产奶量较对照组降幅最大，降低27.9%（$P<0.05$）；试验第42d，试验8组的产奶量比对照组降低了22.7%（$P<0.05$），说明高剂量组对奶牛的产奶量有抑制作用。

茶皂素对牛乳乳脂率的影响见表1-6-4。

表1-6-4 添加不同水平的茶皂素对牛乳乳脂率的影响 单位：（%）

试验期	处理组								
	对照组	1组（8g/d）	2组（20g/d）	3组（25g/d）	4组（28g/d）	5组（30g/d）	6组（32g/d）	7组（35g/d）	8组（40g/d）
第7d	3.00±0.05	2.97±0.13	2.95±0.06	2.97±0.20	2.98±0.18	3.06±0.10	3.06±0.21	3.07±0.19	3.09±0.09
第14d	2.87±0.19^{a}	2.85±0.26^{a}	2.87±0.09^{a}	2.90±0.16^{a}	2.91±0.20^{a}	4.05±0.11^{b}	3.01±0.16^{a}	2.96±0.12^{a}	3.08±0.81^{a}
第21d	3.07±0.10^{a}	2.95±0.21^{a}	2.90±0.29^{a}	2.92±0.08^{a}	2.94±0.15^{a}	4.48±0.14^{b}	3.08±0.11^{a}	3.11±0.18^{a}	3.13±0.09^{a}
第28d	3.14±0.14^{a}	2.96±0.16^{a}	2.94±0.17^{a}	2.98±0.16^{a}	3.01±0.22^{a}	4.31±0.12^{b}	3.19±0.17^{a}	3.15±0.13^{a}	3.25±0.09^{a}
第35d	3.12±0.15^{a}	3.05±0.17^{a}	3.01±0.21^{a}	3.04±0.14^{a}	3.05±0.12^{a}	4.25±0.16^{b}	3.17±0.15^{a}	3.14±0.17^{a}	3.21±0.16^{a}
第42d	2.99±0.20	2.92±0.06	2.84±0.12	2.91±0.15	2.93±0.19	4.13±0.14^{b}	3.12±0.20	3.05±0.14	3.18±0.11

注：表中同行肩标含相同小写字母表示差异不显著（$P>0.05$）；同行肩标不含相同小写字母表示差异显著（$P<0.05$）

结果表明，茶皂素用量在8~28g/d，试验组总体乳脂水平均低于对照组，且变化趋势与对照组趋于一致，各试验阶段均未表现出明显差异（$P>0.05$）；茶皂素用量在30~40g/d，试验组乳脂率水平均高于对照组。其中，茶皂素用量30g/d，在饲养试验第14~42d，乳脂率较对照组显著提高（$P<0.05$），分别提高了41.1%、45.9%、37.3%、36.2%和38.1%（$P<0.05$）。

可见，尽管添加30g茶皂素对奶牛的产奶量没有明显影响，但显著地提高了乳脂率。

茶皂素对牛乳尿素氮的影响见表1-6-5。

表 1-6-5　添加不同水平的茶皂素对牛乳尿素氮的影响　　单位：（%）

试验期	处理组								
	对照组	1 组（8g/d）	2 组（20g/d）	3 组（25g/d）	4 组（28g/d）	5 组（30g/d）	6 组（32g/d）	7 组（35g/d）	8 组（40g/d）
第 7d	16. 16±0. 84	16. 12±0. 95	15. 38±0. 62	15. 68±0. 62	15. 74±1. 23	15. 78±0. 69	15. 71±0. 65	15. 75±1. 32	15. 72±0. 89
第 14d	16. 00±1. 24[a]	15. 96±1. 14[a]	16. 32±1. 31[a]	16. 01±1. 23[a]	15. 82±1. 63[a]	12. 12±0. 84[c]	14. 31±1. 24[b]	14. 36±1. 05[b]	14. 34±1. 34[b]
第 21d	14. 86±0. 48[a]	14. 55±0. 54[a]	14. 40±0. 99[a]	14. 32±1. 31[a]	14. 21±0. 83[a]	12. 04±0. 53[c]	13. 17±0. 74[b]	13. 15±0. 84[b]	13. 10±1. 42[b]
第 28d	15. 90±1. 04[a]	15. 78±1. 53[a]	15. 06±0. 27[a]	15. 04±1. 52[a]	15. 01±1. 03[a]	12. 23±0. 77[c]	14. 22±1. 14[b]	14. 17±1. 64[b]	14. 18±1. 02[b]
第 35d	16. 68±1. 78[a]	16. 20±0. 85[a]	17. 44±0. 85[a]	16. 16±1. 65[a]	16. 07±1. 23[a]	12. 34±0. 86[c]	14. 76±0. 76[b]	14. 64±1. 34[b]	14. 78±1. 66[b]
第 42d	16. 56±0. 94[a]	16. 12±1. 14[a]	15. 94±1. 34[a]	15. 88±1. 11[a]	15. 75±1. 73[a]	13. 06±1. 23[b]	15. 80±1. 54[a]	15. 84±0. 78[a]	15. 98±1. 36[a]

注：表中同行肩标含相同小写字母表示差异不显著（P>0. 05）；同行肩标不含相同小写字母表示差异显著（P<0. 05）

由表 1-6-5 结果可知，各试验组整体尿素氮水平较对照组降低；其中，试验 5-8 组较对照降低显著（P<0. 05）。而试验组 5 在第 14～42d 下降最显著，显著低于对照及试验 6～8 组。在第 14d 时，试验组 5 尿素氮水平与对照组相比下降了 24. 3%（P<0. 05）；在试验第 21d 时，尿素氮水平与对照组相比下降了 18. 9%（P<0. 05）；在第 28、35d 时，尿素氮水平与对照组相比分别下降了 23. 1%（P<0. 05）和 26. 0%（P<0. 05）；在第 42d 时，较对照组降幅为 21. 1%（P<0. 05）。

以上结果说明，茶皂素可以降低牛乳中的尿素氮，30g 剂量组下降最显著。

茶皂素对各试验组牛乳中 SFA 的影响见表 1-6-6。

表 1-6-6　添加不同水平的茶皂素对牛乳中 SFA 的影响

试验期	处理组（mg/g）								
	对照组	1 组（8g/d）	2 组（20g/d）	3 组（25g/d）	4 组（28g/d）	5 组（30g/d）	6 组（32g/d）	7 组（35g/d）	8 组（40g/d）
第 7d	26. 39±2. 44[a]	26. 12±2. 32[a]	25. 89±1. 17[a]	25. 62±2. 14[a]	25. 49±2. 46[a]	24. 04±2. 16[a]	25. 38±2. 24[a]	25. 36±2. 48[a]	25. 47±0. 76[a]
第 14d	24. 38±1. 07[a]	24. 28±1. 24[a]	24. 02±1. 20[a]	23. 87±1. 32[a]	23. 78±1. 08[a]	20. 31±1. 59[b]	24. 39±1. 37[a]	24. 41±1. 57[a]	24. 75±1. 31[a]

（续表）

试验期	处理组（mg/g）								
	对照组	1组（8g/d）	2组（20g/d）	3组（25g/d）	4组（28g/d）	5组（30g/d）	6组（32g/d）	7组（35g/d）	8组（40g/d）
第21d	23.96±2.75[a]	23.76±2.23[a]	23.26±1.90[a]	23.18±2.05[a]	23.06±2.27[a]	19.22±1.09[b]	22.78±2.15[a]	22.96±2.72[a]	22.29±1.57[a]
第28d	26.88±0.84[a]	26.67±0.89[a]	26.52±1.40[a]	26.48±0.68[a]	26.31±0.84[a]	20.26±1.84[b]	25.48±0.84[a]	25.51±0.84[a]	25.11±1.78[a]
第35d	30.61±2.88[a]	30.25±2.46[a]	29.84±1.94[a]	29.61±2.17[a]	29.52±2.48[a]	21.54±1.36[b]	28.43±2.18[a]	28.31±2.84[a]	28.34±2.17[a]
第42d	27.37±1.81[a]	27.23±1.61[a]	27.12±1.23[a]	27.06±1.51[a]	26.97±1.67[a]	21.63±0.97[b]	26.67±1.41[a]	26.18±1.91[a]	25.87±1.38[a]

注：表中同行肩标含相同小写字母表示差异不显著（$P>0.05$）；同行肩标不含相同小写字母表示差异显著（$P<0.05$）

从表1-6-6可知，试验5组SFA含量较对照组显著下降；在试验第14d时，试验5组较对照组显著下降16.7%（$P<0.05$）；试验第21、28d，试验5组的SFA含量较对照组降低了19.8%、24.6%（$P<0.05$）；第35d，试验5组与对照组相比降低了29.6%（$P<0.05$）；第42d时，试验5组与对照组相比降低了21.0%（$P<0.05$）。

结果表明，30g剂量的茶皂素能够起到降低牛乳饱和脂肪酸含量的作用。

茶皂素对各试验组牛乳中n-3/n-6的影响见表1-6-7。

表1-6-7　添加不同水平的茶皂素对牛乳中n-3/n-6的影响

试验期	处理组（mg/g）								
	对照组	1组（8g/d）	2组（20g/d）	3组（25g/d）	4组（28g/d）	5组（30g/d）	6组（32g/d）	7组（35g/d）	8组（40g/d）
第7d	0.095±0.005[a]	0.097±0.004[a]	0.101±0.001[b]	0.100±0.005[a]	0.099±0.003[a]	0.098±0.002[a]	0.097±0.005[a]	0.098±0.007[a]	0.099±0.006[a]
第14d	0.109±0.006[a]	0.107±0.005[a]	0.102±0.001[b]	0.101±0.005[b]	0.102±0.006[b]	0.104±0.004[a]	0.094±0.005[b]	0.092±0.006[b]	0.091±0.002[b]
第21d	0.103±0.003[a]	0.104±0.005[a]	0.105±0.004[a]	0.106±0.003[a]	0.106±0.007[a]	0.156±0.012[b]	0.104±0.003[a]	0.103±0.008[a]	0.095±0.003[a]
第28d	0.107±0.004[a]	0.107±0.006[a]	0.109±0.002[a]	0.108±0.004[a]	0.107±0.005[a]	0.129±0.004[b]	0.109±0.007[a]	0.108±0.006[a]	0.110±0.004[a]

（续表）

试验期	处理组（mg/g）								
	对照组	1组（8g/d）	2组（20g/d）	3组（25g/d）	4组（28g/d）	5组（30g/d）	6组（32g/d）	7组（35g/d）	8组（40g/d）
第35d	0.103±0.001[a]	0.104±0.004[a]	0.106±0.004[a]	0.107±0.007[a]	0.108±0.001[a]	0.127±0.006[b]	0.107±0.001[a]	0.106±0.001[a]	0.106±0.003[a]
第42d	0.100±0.003[a]	0.101±0.002[a]	0.102±0.005[a]	0.102±0.006[a]	0.101±0.003[a]	0.118±0.007[b]	0.102±0.003[a]	0.103±0.003[a]	0.104±0.003[a]

注：表中同行肩标含相同小写字母表示差异不显著（$P>0.05$）；同行肩标不含相同小写字母表示差异显著（$P<0.05$）

在试验第7d时，试验2组n-3/n-6值较对照组显著提高了6.3%（$P<0.05$）；试验第14d时，试验2~4、6~8组n-3/n-6值较对照组下降，且差异显著（$P<0.05$）；在试验第21~42d时，试验5组n-3/n-6值与对照组相比显著提高，分别提高了51.5%、20.6%、23.3%和18.0%（$P<0.05$）。

试验结果显示，添加茶皂素能够提高n-3/n-6族脂肪酸比例，茶皂素剂量为30g时n-3/n-6值更接近0.17~0.25。

本技术申请了国家专利保护，申请号为：2015 1 0317122 8

1.7 茶皂素在提高奶牛抗氧化能力中的用途

1.7.1 技术领域

本研究涉及茶皂素的新用途，尤其涉及茶皂素在提高奶牛抗氧化能力中的用途，属于茶皂素的应用领域。

1.7.2 背景技术

动物机体的衰老或其他疾病大都与过量的自由基产生有关，动物机体为了避免外界环境的刺激和在生长代谢过程产生的活性氧自由基给自身带来损伤，形成一套具备高效抗氧化能力和强效清除自由基的抗氧化系统。抗氧化系统是一个可与免疫系统相比拟、具有完善和复杂功能的系统，该系统包括由过氧化氢酶、超氧化物歧化酶、谷胱甘肽过氧化物酶等多种抗氧化酶构成的酶促体系，这些抗氧化剂在调控动物机体正常生理代谢等方面发挥重要功能。

茶皂素（$C_{57}H_{90}O_{16}$）为从山茶属植物中分离的酯皂苷。纯茶皂素为白色微细柱状结晶体，活性物含量大于60%时，为黄色或棕色粉末，pH值5.0~6.5，熔点为223~224℃，表面张力为47~51N。大量研究证明，在动物饲粮中添加适量茶皂素能够提高其生产性能、提高机体免疫力、改善动物产品品质。

目前，寻求天然安全的抗氧化剂已成为研究的热点，但针对茶皂素改善奶牛机体抗氧化能力的研究鲜见报道。

1.7.3 技术解决方案

本研究要解决的技术问题是提供茶皂素在提高奶牛抗氧化能力中的新用途，采取的技术方案是：茶皂素的饲喂剂量为20~40g/d；优选的，茶皂素的饲喂剂量为20~30g/d；最优选为30g/d。饲喂方式为每天上料时将茶皂素一次性逐头奶牛添加饲喂。

本研究对奶牛品种没有特殊限制，优选为荷斯坦奶牛；提高奶牛的抗氧化能力包括：提高奶牛外周血的过氧化氢酶活力（U/ml），或提高奶牛外周血的超氧化物歧化酶活力（U/ml）。

通常状态下，机体自由基的产生、利用及清除是处于动态平衡的，当自由基过多不能被及时清除时将会攻击生物大分子引起机体氧化损伤；动物机体的抗氧化系统主要由两类物质组成，第一类主要为抗氧化酶系统，如SOD、GSH-PX等；第二类为链式反应阻断剂，如Vc。抗氧化酶是细胞防御急性氧中毒的主要物质，这个体系中的各种抗氧化酶之间有着相互的依赖作用和协同作用，它们共同防护自由基对细胞质及生物膜造成的损伤。过氧化氢酶（CAT）和超氧化物歧化酶（SOD）是动物机体清除自由基主要的抗氧化酶。SOD是抗氧化防御系统的第一道防线，可直接反映细胞的损伤程度，能够保护细胞膜免受自由基的攻击；而CAT又是SOD在清除氧离子链式反应中产生的下游酶。

本研究通过在奶牛基础日粮基础上添加不同用量的茶皂素，考察茶皂素对奶牛抗氧化能力的影响。结果表明，茶皂素具有提高机体CAT活力的效果，在剂量为30g时效果较其他组更有效。在试验第21~42d时，30g剂量组的CAT活力与对照组相比显著升高，分别提高了30.6%、28.7%、50.4%和26.7%（$P<0.05$）；其他各试验组较对照组差异不显著。

本研究添加30g/d茶皂素对泌乳奶牛外周血SOD的活力影响是持续升高的。30g/d茶皂素组SOD活力在试验第21~42d时比对照组显著升高（$P<0.05$），分别提高了23.6%、66.3%、51.2%和34.3%（$P<0.05$），显著高于

其他试验组。

以上结果说明，茶皂素对奶牛机体抗氧化方面具有一定促进作用，其机制可能是由于茶皂素中的活性物质能够结合游离氧基，抑制氧化的进行，减缓脂肪自动氧化及过氧化物的生成，从而提高抗氧化能力。

综上，本研究添加适宜剂量的茶皂素具有提高奶牛的抗氧化能力作用，其中茶皂素的饲喂剂量为30g/d效果最为显著（$P<0.05$），可以显著提高奶牛血清中SOD和CAT的活性。

1.7.4 具体实施方式

下面结合具体实施例来进一步描述本研究。

实施例奶牛饲料添加剂的制备：按照以下重量称取各原料（单位：kg）：茶皂素1，载体糊精6，混合均匀，即得。

本研究饲料效果试验方法如下。

试验时间与地点：

试验于2014年7月至9月在北京某牛场进行。

试验动物：荷斯坦奶牛。

试验设计与饲养管理方法：

根据奶牛产奶量、泌乳日龄、胎次相近的原则，选择健康、无疾病的泌乳前期荷斯坦奶牛，随机分为9组，每组5头，分别为对照组、试验1~8组。正式试验前经过7d预试验，预试验结束后开始正式试验，正试期35d，整个试验期共42d。

试验奶牛饲养模式为自由采食、饮水，自由运动，散放式管理。对照组和各试验组分别饲喂添加0g/d、8g/d、20g/d、25g/d、28g/d、30g/d、32g/d、35g/d和40g/d的茶皂素于全混合日粮（TMR）中，各组基础日粮相同。饲喂时间及方式为每天早晨上料时将茶皂素一次性逐头奶牛添加饲喂，每天早晨（8：00）、下午（14：00）、晚上（21：00）共挤奶3次。试验日粮的组成及营养成分详见表1-7-1。

表1-7-1 TMR组成及营养水平（干物质基础）

原料	配比（%）	营养成分	含量
膨化大豆 Extruded soybean	3.00	干物质采食量 DM intak（kg）	14.0
美加利 Megalac	0.90	净能 NE（Mj/kg）	1.76
青贮玉米 Corn silage	46.3	粗脂肪 EE（%）	3.00

（续表）

原料	配比（%）	营养成分	含量
苜蓿草 Alfalfa hay，dry	6.90	粗蛋白质 CP（%）	10.20
燕麦草 Oat grass	2.40	酸性洗涤纤维 ADF（%）	9.70
DDGS Corn Dry Distiller Grain+sol	4.40	中性洗涤纤维 NDF（%）	18.20
玉米皮粉 Corn bran	3.70	钙 Ca（%）	0.46
甘蜜素 Sodium cyclamate	2.40	磷 P（%）	0.42
压片玉米 Pressure corn piece	4.40		
燕麦 Oat	1.50		
大麦 Barley	2.66		
玉米 Corn	9.86		
双低 canola meal	1.07		
棉粕 Cottonseed meal	1.07		
麸皮 Bran	2.66		
豆粕 bran pulp	5.10		
食盐 Salt	0.27		
石粉 Limestone	0.48		
苏打 soda	0.59		
泌乳预混料 Premix	0.30		
麦特霉胶素 MT-BOND	0.04		

试验开始后，每隔 7d 于清晨空腹尾静脉采血约 15ml 置入一次性采血管，静置 30min，3 500r/min 下离心 10 分离出血清，然后保存在-20℃以待测定和分析。

测定指标及方法：

采用可见光法测定过氧化氢酶（CAT）活力。超氧化物歧化酶（SOD）活力采用黄嘌呤氧化酶法测定。

数据处理与统计分析：

试验基础数据经 Excel 2007 初步整理后，用 SPSS17.0 进行统计分析。试验各组之间的差异采用单因子方差（One-way ANOVA）分析，多重比较采用最小显著差数法（LSD），结果用平均值±标准误（Mean±SE）表示，显著水平为 $P<0.05$。

试验结果：

茶皂素对奶牛外周血过氧化氢酶活力的影响见表1-7-2。

表1-7-2 茶皂素对奶牛外周血过氧化氢酶活力的影响（U/ml）

试验期	处理组								
	对照组	1组（8g/d）	2组（20g/d）	3组（25g/d）	4组（28g/d）	5组（30g/d）	6组（32g/d）	7组（35g/d）	8组（40g/d）
第7d	145.97±3.75	145.92±6.05	145.94±5.97	145.92±5.37	145.84±6.08	145.83±2.06	145.91±7.17	145.90±5.28	144.12±11.05
第14d	112.68±7.42[a]	111.97±6.75[a]	103.68±6.57[b]	104.08±5.37[b]	104.12±6.25[b]	108.57±7.45[a]	104.28±6.12[b]	103.88±8.01[b]	103.94±8.39[b]
第21d	149.19±4.29[a]	149.25±4.12[a]	150.12±2.73[a]	150.15±4.16[a]	150.22±6.53[a]	194.78±7.44[b]	150.12±4.73[a]	150.32±6.33[a]	150.01±3.29[a]
第28d	148.63±6.02[a]	148.93±6.15[a]	151.20±6.36[a]	151.26±6.12[a]	151.31±6.27[a]	191.39±3.97[b]	150.12±5.36[a]	148.28±4.27[a]	148.57±7.63[a]
第35d	124.23±8.08[a]	124.19±7.05[a]	124.17±7.13[a]	124.58±6.25[a]	125.32±5.83[a]	186.81±9.62[b]	125.85±6.13[a]	125.43±5.54[a]	125.27±4.68[a]
第42d	145.33±8.91[a]	144.97±3.74[a]	144.26±9.47[a]	144.78±8.12[a]	145.06±6.24[a]	184.11±7.92[b]	144.15±9.17[a]	144.37±6.07[a]	145.34±9.90[a]

注：表中同行肩标含相同小写字母表示差异不显著（$P>0.05$）；同行肩标不含相同小写字母表示差异显著（$P<0.05$）

由表1-7-2可知，在试验开始第14d时，试验2~4、6~8组CAT活力较对照组有显著的下降（$P<0.05$）；在试验第21~42d时，试验组5的CAT活力与对照组相比显著升高，分别提高了30.6%（$P<0.05$）、28.7%（$P<0.05$）、50.4%（$P<0.05$）和26.7%（$P<0.05$）；其他各试验组较对照组差异不显著。试验结果表明，茶皂素具有提高机体CAT活力的效果，在剂量为30g时效果较其他组更有效。

茶皂素对奶牛外周血超氧化物歧化酶活力的影响见表1-7-3。

表1-7-3 茶皂素对奶牛外周血超氧化物歧化酶活力的影响（U/ml）

试验期	处理组								
	对照组	1组（8g/d）	2组（20g/d）	3组（25g/d）	4组（28g/d）	5组（30g/d）	6组（32g/d）	7组（35g/d）	8组（40g/d）
第7d	16.11±1.41[a]	16.05±1.52[a]	11.50±0.56[b]	12.15±1.26[b]	12.32±1.56[b]	14.04±2.00[b]	12.65±1.24[b]	12.87±1.76[b]	13.73±1.80[b]
第14d	16.85±1.56[a]	16.23±1.32[a]	11.50±1.06[b]	11.87±1.12[b]	12.15±1.76[b]	15.61±1.53[a]	12.50±1.55[b]	12.48±1.62[b]	12.54±1.79[b]

（续表）

试验期	处理组								
	对照组	1组（8g/d）	2组（20g/d）	3组（25g/d）	4组（28g/d）	5组（30g/d）	6组（32g/d）	7组（35g/d）	8组（40g/d）
第21d	15.72±0.87[a]	15.15±1.56[a]	14.85±2.10[a]	15.55±1.66[a]	15.47±1.55[a]	19.43±0.87[b]	15.17±1.26[a]	15.35±1.45[a]	15.30±2.21[a]
第28d	11.36±1.51[a]	11.56±1.42[a]	12.54±1.30[a]	12.66±1.62[a]	12.87±1.54[a]	18.89±1.52[c]	14.53±1.30[b]	14.64±1.30[b]	14.71±2.78[b]
第35d	12.42±0.85[a]	12.63±1.52[a]	12.72±1.72[a]	12.78±1.32[a]	12.80±1.07[a]	18.78±1.92[b]	13.22±1.67[a]	13.48±1.73[a]	14.33±2.05[a]
第42d	13.09±1.51[a]	13.05±1.55[a]	13.00±0.99[a]	13.12±1.35[a]	13.23±1.81[a]	17.58±1.35[b]	13.37±1.52[a]	13.40±1.84[a]	13.63±1.35[a]

注：表中同行肩标含相同小写字母表示差异不显著（$P>0.05$）；同行肩标不含相同小写字母表示差异显著（$P<0.05$）

由表1-7-3可知，在试验第7d时试验2~8组的SOD活力较对照组显著下降（$P<0.05$）；试验第14d时试验2~4组和试验6~8组的SOD活力较对照组也明显下降（$P<0.05$）；试验5组的SOD活力在试验第21~42d时比对照组显著升高（$P<0.05$）；其中，试验第21、35d时，试验组5与对照组相比显著升高，分别提高了23.6%（$P<0.05$）和51.2%（$P<0.05$）；试验42d时SOD活力较对照组显著升高34.3%（$P<0.05$）；第28d提高幅度最大，达66.3%（$P<0.05$）；从整体水平看，添加30g/d茶皂素对泌乳奶牛外周血SOD的活力影响是持续升高的。

本技术申请了国家专利保护，申请号为：2015 1 0317090 1

1.8 茶皂素在提高奶牛免疫力中的用途

1.8.1 技术领域

本研究涉及茶皂素的新用途，尤其涉及茶皂素在提高奶牛免疫力中的用途，属于茶皂素的应用领域。

1.8.2 背景技术

奶牛免疫功能是维持奶牛健康的基础，奶牛免疫系统是机体自我保护的天然屏障，在其受到抑制时会产生多种疾病，这些疾病的发生会严重影响奶牛的生产性能和繁殖性能，导致乳产量及品质下降，从而给奶牛养殖业造成巨大的经济损失。

茶皂素（$C_{57}H_{90}O_{16}$）为从山茶属植物中分离的酯皂苷。纯茶皂素为白色微细柱状结晶体，活性物含量大于60%时，为黄色或棕色粉末，pH值5.0~6.5，熔点为223~224℃，表面张力为47~51 N。大量研究证明，在动物饲粮中添加适量茶皂素能够提高其生产性能、提高机体免疫力、改善动物产品品质。

目前为止，茶皂素在免疫方面的研究多集中在单胃动物上，而对奶牛等反刍动物的研究较少。

1.8.3 研究内容

本研究要解决的技术问题是提供茶皂素在提高奶牛免疫力中的新用途，采取的技术方案是茶皂素的饲喂剂量为20~40g/d；优选的，茶皂素的饲喂剂量为20~30g/d；最优选为30g/d。饲喂方式为每天上料时将茶皂素一次性逐头奶牛添加饲喂。

本研究对奶牛品种没有特殊限制，优选为荷斯坦奶牛；提高奶牛免疫力包括：降低奶牛血清尿素氮含量，提高奶牛血清免疫球蛋白IgM含量，提高奶牛血清细胞因子IFN-γ或TNF-α含量中的一种或多种。

本研究通过在奶牛基础日粮基础上添加不同用量的茶皂素，考察茶皂素对奶牛血清生化指标、免疫球蛋白及免疫因子的影响。结果表明，30g剂量组能够显著降低血清尿素氮（BUN）水平（$P<0.05$），在试验第14~42d时分别比对照组降低了25.7%、22.2%、26.7%、22.8%和22.0%（$P<0.05$）；其他茶皂素剂量组与对照组差异不显著。

不同茶皂素剂量组的IgM水平均高于对照组。其中，茶皂素用量30g/d在试验第14~42d显著提高血清中IgM含量，尤其第14d时IgM含量与对照组相比提高了71.0%（$P<0.05$），差异显著，提高幅度最大；试验第21~42d时，与对照组相比分别提高了59.8%、58.6%、45.7%、26.2%（$P<0.05$）。茶皂素用量32~40g/d在试验第14d时IgM含量比对照组显著提高（$P<0.05$）；其他各试验组不同阶段的IgM含量与对照组差异不显著（$P>0.05$）。以上结果表明茶皂素通过增加血清中免疫球蛋白含量，增强机体的体液免疫功能，从而提高机体的抗病能力。

茶皂素30g剂量组在试验第14~28d时能够显著提供高奶牛血清中IFN-γ含量，其中，试验第14d时较对照组提高了33.6%（$P<0.05$）；试验第21d时较对照组提高了30.9%（$P<0.05$）；试验第28d时与对照组相比提高了20.2%

（*P*<0.05）；其他试验阶段的 IFN-γ 含量与对照组差异不显著（*P*>0.05）。

不同茶皂素剂量组奶牛血清中 TNF-α 含量均高于对照组。其中，茶皂素 30g 剂量组的 TNF-α 含量显著高于对照组及其他实验组；第 14~42dTNF-α 含量较对照组分别提高了 30.2%、21.7%、42.0%、27.5%、24.0%（*P*<0.05）。以上试验结果表明，茶皂素用量为 30g/d 可以显著提高奶牛血清中 IFN-γ 含量和 TNF-α 含量，具有提高机体免疫力的作用。

血液是动物机体实现体液调节的途径，也是运输机体营养物质和代谢废弃物的载体，部分血液代谢产物是反映组织正常生理功能和机体局部或全身代谢变化的较为敏感的指标。血清尿素氮（BUN）是动物体内蛋白质或氨基酸代谢的终产物，其水平可反映动物蛋白质代谢状况，因此，可作为机体蛋白沉积的一个指标。IgM 是血清中最重要的免疫球蛋白，其含量的高低直接反映动物机体免疫水平。细胞因子（TNF-a、IFN-γ）是免疫系统中活性细胞间相互作用的介质，对免疫应答启动、炎症反应、信号调节等免疫过程均起重要作用。

本研究在奶牛日粮基础上添加试验所用剂量的茶皂素对奶牛机体没有不良的影响，添加适宜剂量的茶皂素具有提高奶牛免疫力的作用。其中，茶皂素的添加量 30g/d 可以显著降低血清 BUN 水平，提高血清中 IgM 含量、IFN-γ 和 TNF-a 含量（*P*<0.05）。因此，茶皂素能够应用于提高奶牛的免疫力。

1.8.4 具体实施方式

下面结合具体实施例来进一步描述本研究。

实施例奶牛饲料添加剂的制备：按照以下重量称取各原料（单位：kg）：茶皂素 2，载体淀粉 7.5，混合均匀，即得。

试验时间与地点：

试验于 2014 年 7 月至 9 月在北京某牛场进行。

试验动物：荷斯坦奶牛。

试验设计与饲养管理方法：

根据奶牛产奶量、泌乳日龄、胎次相近的原则，选择健康、无疾病的泌乳前期荷斯坦奶牛，随机分为 7 组，每组 5 头，分别为对照组、试验 1~6 组。正式试验前经过 7d 预试验，预试验结束后开始正式试验，正试期 35d，整个试验期共 42d。

试验奶牛饲养模式为自由采食、饮水，自由运动，散放式管理。对照组和各试验组分别饲喂添加 0g/d、8g/d、20g/d、28g/d、30g/d、32g/d 和 40g/d 的茶皂素于全混合日粮（TMR）中，各组基础日粮相同。饲喂时间及方式为每天早晨上料时将茶皂素一次性逐头奶牛添加饲喂，每天早晨（8：00）、下午（14：00）、晚上（21：00）共挤奶3次。试验日粮的组成及营养成分详见表1-8-1。

表1-8-1　TMR组成及营养水平（干物质基础）

原料	配比（%）	营养成分	含量
膨化大豆 Extruded soybean	3.00	干物质采食量 DM intak（kg）	14.0
美加利 Megalac	0.90	净能 NE（Mj/kg）	1.76
青贮玉米 Corn silage	46.3	粗脂肪 EE（%）	3.00
苜蓿草 Alfalfa hay，dry	6.90	粗蛋白质 CP（%）	10.20
燕麦草 Oat grass	2.40	酸性洗涤纤维 ADF（%）	9.70
DDGS Corn Dry Distiller Grain+sol	4.40	中性洗涤纤维 NDF（%）	18.20
玉米皮粉 Corn bran	3.70	钙 Ca（%）	0.46
甘蜜素 Sodium cyclamate	2.40	磷 P（%）	0.42
压片玉米 Pressure corn piece	4.40		
燕麦 Oat	1.50		
大麦 Barley	2.66		
玉米 Corn	9.86		
双低 canola meal	1.07		
棉粕 Cottonseed meal	1.07		
麸皮 Bran	2.66		
豆粕 bran pulp	5.10		
食盐 Salt	0.27		
石粉 Limestone	0.48		
苏打 soda	0.59		
泌乳预混料 Premix	0.30		
麦特霉胶素 MT-BOND	0.04		

试验开始后，每隔7d于清晨空腹尾静脉采血约15ml置入一次性采血管，静置30min，3 500r/min下离心10min分离出血清，然后保存在-20℃以待测定和分析。

测定指标及方法：

奶牛血清生化指标检测于北京农学院宠物医院进行，采用全自动生化分析仪分析，指标为：血清尿素氮（BUN）。

奶牛血清中免疫球蛋白 IgM 的测定采用 ELISA 定量测定试剂盒，严格按照试剂盒说明书的操作步骤进行，每个样进行 3 个平行样测定。

奶牛血清中 IFN-γ 和 TNF-α 的测定采用 ELISA 定量测定试剂盒，严格按照试剂盒说明书的操作步骤进行，每个样进行 3 个平行样测定。

数据处理与统计分析：

试验基础数据经 Excel 2007 初步整理后，用 SPSS17.0 进行统计分析。试验各组之间的差异采用单因子方差（One-way ANOVA）分析，多重比较采用最小显著差数法（LSD），结果用平均值±标准误（Mean±SE）表示，显著水平为 $P<0.05$。

试验结果：

茶皂素对奶牛血清尿素氮的影响见表 1-8-2。

表 1-8-2　茶皂素对奶牛血清尿素氮的影响

试验期	处理组（mmol/L）						
	对照组	1 组（8g/d）	2 组（20g/d）	3 组（28g/d）	4 组（30g/d）	5 组（32g/d）	6 组（40g/d）
第 7d	6.54±0.62	6.56±0.72	6.72±0.64	6.64±0.38	6.08±0.83	6.67±0.73	6.96±0.54
第 14d	7.00±0.46[a]	6.58±0.57[a]	6.52±0.68[a]	6.48±0.61[a]	5.20±0.38[b]	6.57±0.87[a]	6.54±0.64[a]
第 21d	6.50±0.61[a]	6.55±0.73[a]	6.64±0.42[a]	6.59±0.47[a]	5.06±0.84[b]	6.31±0.74[a]	6.32±0.54[a]
第 28d	7.00±0.29[a]	6.68±0.34[a]	6.50±0.35[a]	6.52±0.34[a]	5.13±0.56[b]	6.45±0.56[a]	6.48±0.72[a]
第 35d	6.84±0.71[a]	6.82±0.65[a]	6.44±0.68[a]	6.41±0.48[a]	5.28±0.72[b]	6.64±0.62[a]	6.78±0.36[a]
第 42d	6.74±1.01[a]	6.71±0.35[a]	6.26±1.04[a]	6.22±0.64[a]	5.26±0.71[b]	6.10±0.83[a]	6.12±1.75[a]

注：表中同行肩标含相同小写字母表示差异不显著（$P>0.05$）；同行肩标不含相同小写字母表示差异显著（$P<0.05$）

表 1-8-2 结果表明，试验 4 组的 BUN 含量在整个试验期内均低于对照组，在试验第 14~42d 时，试验 4 组的 BUN 含量显著低于对照组。在试验第 14、21d 时，试验 4 组的 BUN 含量显著低于对照组，分别降低了 25.7%和 22.2%（$P<0.05$）；在试验第 28、35、42d 时，试验 4 组的 BUN 含量较对照组分别降低了 26.7%、22.8%和 22.0%（$P<0.05$）。

试验 1~3 组除在试验第 7、第 21d 外，其余各试验阶段的 BUN 含量也低于对照组，但未达到显著水平（$P>0.05$）；试验 5 和 6 组，除在试验第 7d 外，其余各试验阶段的 BUN 含量也低于对照组，但未达到显著水平（$P>0.05$）。

以上结果表明，茶皂素能够降低血清 BUN 含量，以 30g 剂量组效果最为显著。

茶皂素对奶牛血清免疫球蛋白的影响见表 1-8-3。

表 1-8-3　茶皂素对奶牛血清免疫球蛋白 IgM 的影响

试验期	处理组（ng/ml）						
	对照组	1 组（8g/d）	2 组（20g/d）	3 组（28g/d）	4 组（30g/d）	5 组（32g/d）	6 组（40g/d）
IgM							
第 7d	41.19±4.27	40.56±3.25	39.85±1.01	40.78±1.43	41.25±3.15	40.75±3.53	40.06±3.40
第 14d	36.14±4.39[a]	37.32±4.14[a]	42.37±5.86[a]	42.44±1.21[a]	61.79±3.97[c]	46.25±2.16[b]	46.46±5.49[b]
第 21d	43.18±1.80[a]	43.27±2.56[a]	44.00±1.59[a]	44.36±1.67[a]	69.02±3.89[b]	47.02±4.17[a]	46.94±7.46[a]
第 28d	45.04±3.95[a]	44.89±3.27[a]	44.76±6.48[a]	45.21±1.23[a]	71.44±4.86[b]	48.15±3.23[a]	47.14±4.56[a]
第 35d	51.57±6.11[a]	53.18±5.76[a]	57.67±4.74[a]	56.25±1.06[a]	75.12±5.47[b]	55.58±2.78[a]	54.65±2.78[a]
第 42d	62.10±3.00[a]	62.37±3.25[a]	63.74±6.43[a]	62.85±1.08[a]	78.36±6.30[b]	62.25±3.75[a]	63.88±3.27[a]

注：表中同行肩标含相同小写字母表示差异不显著（$P>0.05$）；同行肩标不含相同小写字母表示差异显著（$P<0.05$）

由表 1-8-3 可知，各试验组 IgM 水平均高于对照组；其中，茶皂素用量 30g/d 显著提高血清中 IgM 含量。试验第 14d 时，试验 4 组的 IgM 含量与对照组相比提高了 71.0%（$P<0.05$），差异显著，提高幅度最大；试验第 21d 时，与对照组相比提高了 59.8%（$P<0.05$）；第 28d 时，与对照组相比提高了 58.6%（$P<0.05$）；试验第 35d，与对照组相比提高了 45.7%（$P<0.05$）；试验第 42d，与对照组相比提高了 26.2%（$P<0.05$）。试验 5、6 组试验第 14d 时，IgM 含量与对照组相比显著提高（$P<0.05$）；其他各试验组不同阶段的 IgM 含量均高于对照组，但差异不显著（$P>0.05$）。

茶皂素对奶牛血清 IFN-γ 和 TNF-α 水平的影响见表 1-8-4。

表 1-8-4 茶皂素对奶牛血清 IFN-γ 和 TNF-α 指标的影响

试验期	处理组（g/L）						
	对照组	1 组（8g/d）	2 组（20g/d）	3 组（28g/d）	4 组（30g/d）	5 组（32g/d）	6 组（40g/d）
IFN-γ							
第 7d	207. 82±16. 06	208. 15±17. 09	210. 45±27. 53	211. 85±26. 05	214. 66±15. 13	214. 81±15. 09	222. 49±23. 25
第 14d	212. 80±25. 56[a]	213. 88±22. 51[a]	234. 84±15. 24[a]	236. 48±16. 48[a]	284. 36±27. 31[b]	228. 36±20. 17[a]	228. 20±16. 31[a]
第 21d	268. 82±22. 90[a]	258. 16±21. 56[a]	254. 46±20. 47[a]	262. 88±21. 26[a]	351. 87±23. 22[b]	269. 46±21. 07[a]	270. 97±10. 14[a]
第 28d	322. 47±13. 93[a]	327. 35±13. 26[a]	335. 47±17. 45[a]	334. 47±13. 37[a]	387. 59±14. 83[b]	335. 58±14. 57[a]	334. 21±17. 82[a]
第 35d	329. 17±13. 88	330. 12±18. 43	340. 64±24. 36	341. 58±12. 82	344. 73±19. 10	336. 38±11. 36	335. 46±14. 78
第 42d	292. 85±22. 53	292. 36±21. 57	291. 91±21. 45	292. 65±22. 23	293. 49±15. 92	292. 12±21. 57	290. 74±14. 70
TNF-α							
第 7d	65. 85±1. 63	65. 92±1. 57	70. 61±6. 12	69. 87±5. 61	69. 85±5. 05	69. 79±1. 93	69. 26±6. 75
第 14d	69. 08±8. 60[a]	70. 10±7. 53[a]	75. 51±4. 94[a]	76. 01±8. 27[a]	89. 93±3. 90[b]	75. 08±2. 64[a]	75. 15±5. 11[a]
第 21d	77. 85±9. 64[a]	77. 94±7. 28[a]	78. 84±5. 49[a]	79. 25±4. 36[a]	94. 71±7. 10[b]	78. 85±3. 52[a]	78. 97±4. 05[a]
第 28d	64. 79±2. 55[a]	64. 88±2. 59[a]	65. 45±3. 47[a]	65. 60±2. 48[a]	91. 97±4. 72[b]	66. 05±2. 48[a]	68. 39±7. 60[a]
第 35d	69. 22±4. 42[a]	69. 64±3. 12[a]	71. 80±5. 79[a]	71. 56±4. 87[a]	88. 29±3. 20[b]	70. 56±4. 24[a]	70. 87±2. 68[a]
第 42d	71. 03±2. 93[a]	71. 85±2. 05[a]	72. 57±5. 30[a]	72. 86±4. 82[a]	88. 07±3. 24[b]	73. 25±2. 13[a]	73. 68±9. 42[a]

注：表中同行肩标含相同小写字母表示差异不显著（$P>0.05$）；同行肩标不含相同小写字母表示差异显著（$P<0.05$）

表 1-8-4 结果表明，试验 1-3 组的 IFN-γ 含量在试验第 21d 时略低于对照组，但差异不显著（$P>0.05$）。试验第 14~28d 时，试验 4 组的 IFN-γ 含量较对照组显著升高，其中，试验第 14d 时较对照组提高了 33. 6%（$P<0.05$）；试验第 21d 时较对照组提高了 30. 9%（$P<0.05$）；试验第 28d 时与对照组相比提高了 20. 2%（$P<0.05$）；其他试验阶段的 IFN-γ 含量与对照组差异不显著（$P>0.05$）。

各试验组 TNF-α 含量均高于对照组；其中，试验 4 组的 TNF-α 含量显著高于对照组及其他实验组。第 14d 时，试验 4 组的 TNF-α 含量较对照组提高了 30.2%（$P<0.05$）；试验第 21d 时，较对照组提高了 21.7%（$P<0.05$）；试验第 28d 时，较对照组提高了 42.0%（$P<0.05$）；试验第 35d 时，较对照组提高了 27.5%（$P<0.05$）；试验第 42d 时，较对照组提高了 24.0%（$P<0.05$）。

以上试验结果表明，茶皂素用量为 30g/d 可以显著提高奶牛血清中 IFN-γ 含量和 TNF-α 含量，具有提高机体免疫力的作用。

本技术申请了国家专利保护，申请号为：2015 1 0317183 4

2 牛精准饲喂与养殖设备相关专利技术

2.1 一种一体化可移动犊牛饲喂装置

2.1.1 技术领域

本研究涉及畜牧养殖技术领域，特别是指一种一体化可移动犊牛饲喂装置。

2.1.2 背景技术

在当前的家畜规模化饲喂中，圈养是奶犊牛饲养的一种常用养殖方式，它具有集约化程度高、单位成本相对较低，且便于统一管理的特点，但是由于家畜的生活环境较为拥挤，个体的生长发育条件受到了一定限制，最终会影响家畜的福利、健康甚至最终影响家畜产品的品质。但是，现有的圈养场所均为固定场地，无法根据养殖规模灵活地改变占地面积，可能造成家畜场内资源的浪费。因此，开发一种集喂料、喂水、休息、活动甚至可移动的犊牛饲喂装置，对于规模化的奶牛养殖场具有广阔的应用前景。

2.1.3 解决方案

有鉴于此，本研究提出一种一体化可移动犊牛饲喂装置。

基于上述目的本研究提供的一体化可移动犊牛饲喂装置，包括卧笼、围栏和前档栏；卧笼的一个侧面设置有开放的笼门，围栏设置于笼门外，卧笼与围栏转动连接；围栏正对笼门处设置有与前档栏尺寸配合的开口，开口两侧设置有固定部，前档栏通过固定部可拆卸设置于开口处；笼门两侧设置有固定部，当围栏转动至卧笼上方时，前档栏通过固定部设置于笼门处。

可选的，前档栏上设置有食槽固定部和饮水器固定部；前档栏为包括多根竖直设置的栏杆，其中，两根相邻栏杆的距离是其他任意两根相邻栏杆距离的至少 2 倍，这两根距离较远的栏杆之间设置有食槽固定部；饮水器固定部设置于食槽固定部旁的栏杆上。

可选的，食槽固定部为一圆环，其与两根距离最远的栏杆分别固定；饮水器固定部包括一中部向下凹陷的放置槽，放置槽设置于前档栏外侧，且放置槽远离前档栏的一端高于其靠近前档栏的一端。

可选的，卧笼上设置有主通风孔和副通风孔；主通风孔与笼门相对设置，副通风孔有多个，副通风孔设置于卧笼没有设置主通风孔的其他侧面。

可选的，主通风孔旁转动设置有防雨板；防雨板上设置有百叶窗型的遮挡结构。

可选的，固定部包括设置于笼门两侧和设置于围栏开口两侧的连接槽；连接槽上表面向下凹陷，前档栏两侧设置有与连接槽凹陷配合的连接沿。

可选的，卧笼两侧靠近其前面的位置分别设置有至少 1 个支承器；支承器与卧笼转动连接，当支承器转动至与卧笼表面贴合时，两支承器远端之间的距离小于围栏的宽度；当支承器转动至与卧笼表面垂直时，两支承器远端之间的距离大于围栏的宽度；支承器设置有限位机构，当其转动至于卧笼表面垂直后被限位机构限制无法继续转动。

可选的，围栏底部设置有滚轮。

可选的，卧笼顶部设置有用于辅助吊装的吊装环。

从上面可以看出，本研究提供的一体化可移动犊牛饲喂装置设置可以根据需要随时进行搬运移动，以保证犊牛适宜的发育环境；本装置设置了可转动的围栏，通过转动围栏并调整前档栏的位置可以灵活控制犊牛的活动空间，以适应不同的生产规模、生产密度和环境变化，灵活方便。

2.1.4 附图说明

具体结构和功能说明如下。

图 2-1-1 为本研究提供的一种一体化可移动犊牛饲喂装置的可选实施例的立体示意图；图 2-1-2 为本研究提供的一种一体化可移动犊牛饲喂装置的可选实施例的主视图；图 2-1-3 为本研究提供的一种一体化可移动犊牛饲喂装置的可选实施例的侧视图。如图所示，本实施例中的一种一体化可移动犊牛饲喂装置，包括卧笼 1、围栏 2 和前档栏 3；卧笼 1 的一个侧面设置有开放的笼门 15，围栏 2 设置于笼门 15 外，卧笼 1 与围栏 2 转动连接；围栏 2 正对笼门 15 处设置有与前档栏 3 尺寸配合的开口，开口两侧设置有固定部，前档栏

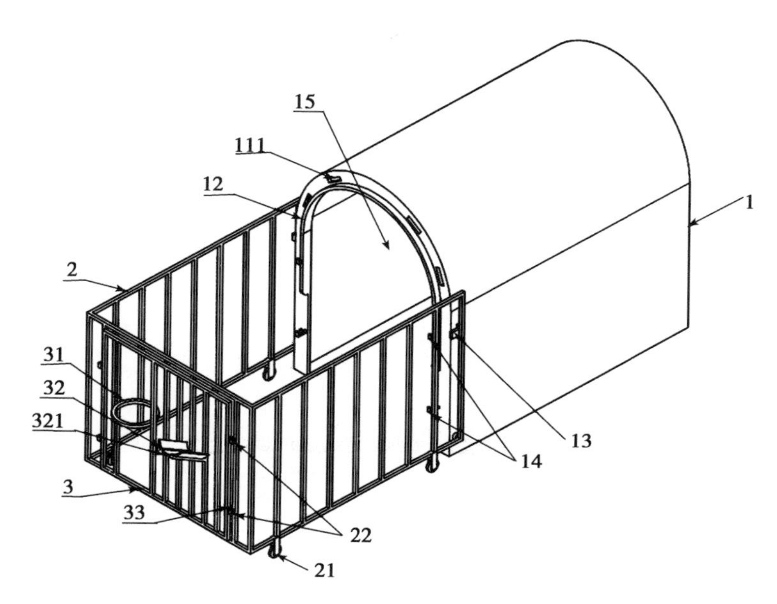

图 2-1-1　一种一体化可移动犊牛饲喂装置的立体示意图

1—卧笼；2—围栏；3—前档栏；12—防雨檐；13—支承器；14—连接槽；15—笼门；21—滚轮；22—连接槽；31—食槽固定部；32—饮水器固定部；33—连接沿；111—副通风孔；321—放置槽

3 通过固定部可拆卸设置于开口处；笼门 15 两侧设置有固定部，当围栏 2 转动至卧笼 1 上方时，前档栏 3 通过固定部设置于笼门 15 处。

在一些可选的实施方式中，笼门 15 上半部分周围还设置有防雨檐 12，当发生降雨时，防雨檐 12 可以一定程度上起到阻挡并收集雨水的作用，让雨水从两边顺流而下，通过预先设置在地面的排水沟等结构流走，而不会弄湿卧笼 1 内部。

卧笼 1 是由非透气材料制成的有顶笼舍，其开放的一面设置有笼门 15；在可选的实施方式中，笼门 15 的宽度小于卧笼 1 的宽度，从而使卧笼内的空间相对封闭，保证了寒冷天气犊牛的防寒保温。

围栏 2 由上下两组矩形框和竖直设置于矩形框之间的多个栏杆组成，其一面开放（即该面设置的栏杆数量较少，或没有设置栏杆，但是为了保证强度矩形框在该面并不会断开），且开放的一面转动连接至卧笼 1 的笼门 15 处，从而与卧笼 1 共同构成犊牛的活动空间，卧笼 1 可供犊牛躺卧休息，而围栏 2 内的开放空间可供犊牛进食并进行一定程度的活动。围栏 2 正对笼门 15 的一侧

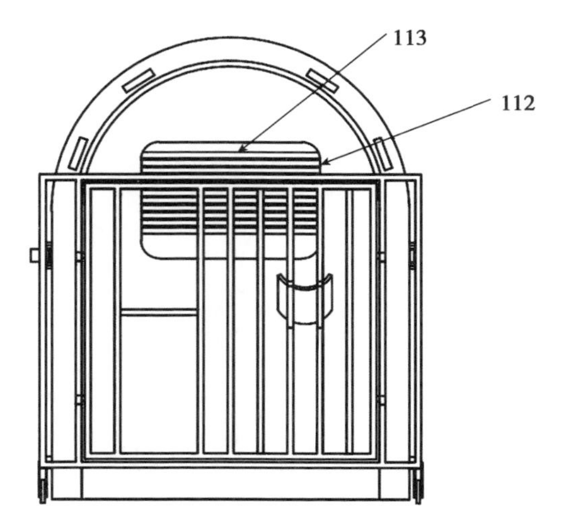

图 2-1-2　一种一体化可移动犊牛饲喂装置的主视图

112-主通风口；113-防雨板

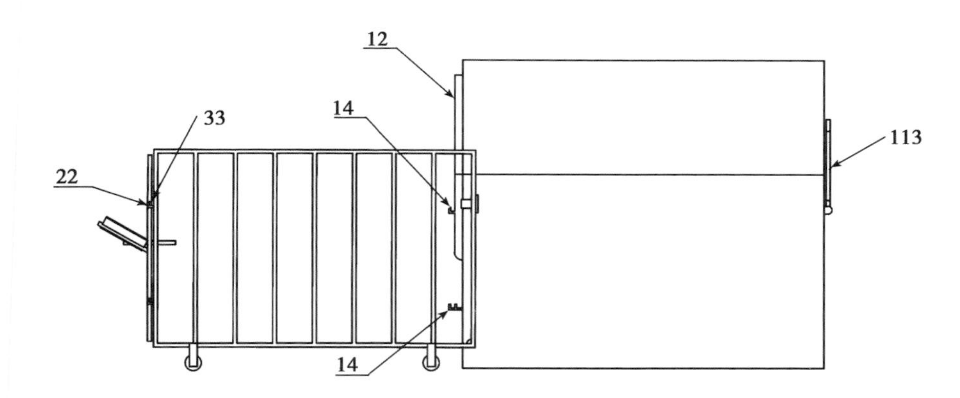

图 2-1-3　一种一体化可移动犊牛饲喂装置的侧视图

12—防雨檐；14—连接槽；22—连接槽；33—连接沿；113-防雨板

设置有开口，开口两侧设置固定部，前档栏 3 可拆卸设置于固定部上，从而将开口挡住。在一些可选的实施方式中，前档栏 3 上可以设置一些饲喂设备，以便进行饲喂。

图 2-1-4 为本研究提供的一种一体化可移动犊牛饲喂装置的可选实施例另一使用状态的立体示意图；图 2-1-5 为本研究提供的一种一体化可移动犊

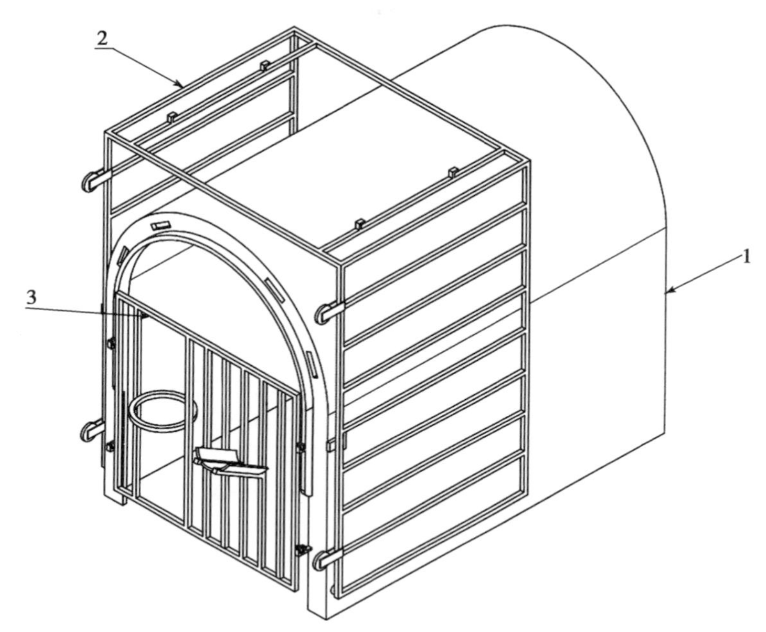

图 2-1-4 一种一体化可移动犊牛饲喂装置另一使用状态的立体示意图

1—卧笼；2—围栏；3—前档栏

牛饲喂装置的可选实施例另一使用状态的侧视图；如图所示，围栏 2 与卧笼 1 之间为转动连接，在需要时，可以将前档栏 3 从围栏 2 上拆下，将围栏 2 转动至卧笼 1 上方并放置，再将前档栏 3 设置于笼门 15 两侧的固定部上，从而将犊牛的活动空间限制在卧笼 1 内。此种设计一方面可以灵活地调控装置的占地面积，可以适应各种生产规模以及生产密度；另一方面，还可以在遭遇恶劣天气时（如强降水、沙暴等）将犊牛的活动空间限制在有保护的卧笼 1 内，以防止犊牛受到伤害。

本实施例中的一体化可移动犊牛饲喂装置设置，可以根据需要随时进行搬运移动，以保证犊牛适宜的发育环境；本装置设置了可转动的围栏，通过转动围栏并调整前档栏的位置可以灵活控制犊牛的活动空间，以适应不同的生产规模、生产密度和环境变化，灵活方便。

在本研究的一些可选的实施例中，前档栏 3 上设置有食槽固定部 31 和饮水器固定部 32；前档栏 3 为包括多根竖直设置的栏杆，其中，两根相邻栏杆的距离是其他任意两根相邻栏杆距离的至少 2 倍，这两根距离较远的栏杆之间

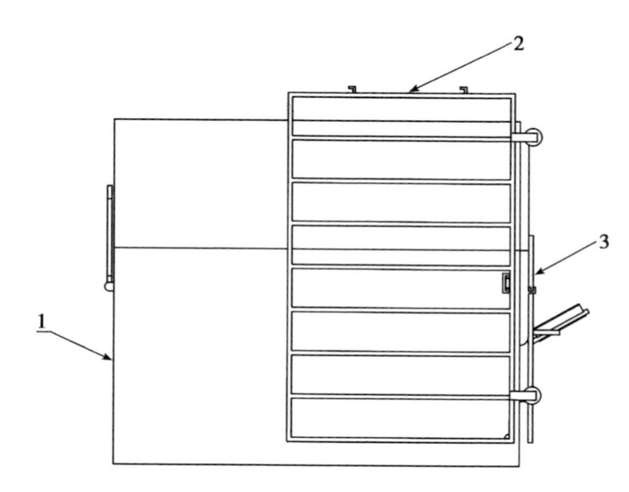

图 2-1-5　一种一体化可移动犊牛饲喂装置另一使用状态的侧视图

1—卧笼；2—围栏；3—前档栏

设置有食槽固定部 31；饮水器固定部 32 设置于食槽固定部旁的栏杆上。

在前档栏 3 上设置食槽固定部 31 和饮水器固定部 32，可以保证无论本装置处于何种状态下（围栏放下或者收起），都可以使犊牛能够顺利地进食。另外，由于前档栏 3 为可拆卸设计，因此，在进行更换饲料等操作时，可以将前档栏 3 拆下，便于添加食料或清理食槽。

在本实施例的一个较佳的实施方式中，食槽固定部 31 为一圆环，其与两根距离最远的栏杆分别固定；饮水器固定部 32 包括一中部向下凹陷的放置槽 321，放置槽 321 设置于前档栏 3 外侧，且放置槽 321 远离前档栏 3 的一端高于其靠近前档栏 3 的一端。食槽固定部 31 可以用于放置桶状或者盆状食槽，食槽边缘经圆环卡合可以保持稳定。饮水器固定部 32 中的放置槽 321 用于放置饮水器，可以保持饮水器的稳定而不发生左右偏移，而设置为外高内低的形式则可以保证饮水器中的液体顺利流下。

在一些可选的实施例中，卧笼 1 上设置有主通风孔 112 和副通风孔 111；主通风孔 112 与笼门 15 相对设置，副通风孔 111 有多个，副通风孔 111 设置于卧笼 1 没有设置主通风孔 112 的其他侧面。

参考图 2-1-1 至图 2-1-3，其中，副通风孔 111 设置于笼门 15 两侧，在实际设计时，还可以在卧笼 1 左右两侧（以图 2-1-2 为观察视角）分别设置副通风孔 111，保持卧笼 1 内空气与外部的流通。主通风孔 112 与笼门 15 相对设置，并且主通风孔 112 的面积较大，较佳的，主通风孔 112 的面积不小于其所在平面面积的 1/5。在通常情况下，主通风孔 112 与笼门 15 为通风的主要通道，副通风孔 111 则可以在侧向风力较强时辅助通风。

本实施例通过设置主通风孔和副通风孔，既保证了半封闭式的卧笼能够有效为犊牛提供遮挡，防止恶劣天气对犊牛的健康状况造成影响，同时，还可以提供良好的通风效果，保证卧笼内部具备良好的空气状况。

在可选的实施例中，主通风孔 112 旁转动设置有防雨板 113；防雨板 113 上设置有百叶窗型的遮挡结构。天气良好的状态下，可以将防雨板 113 放下以提供良好的通风效果；当发生降水、降温或沙暴等不良天气时，可以将防雨板 113L 起，将主通风孔 112 遮挡从而使卧笼 1 保持相对密封，降低空气流通，保证外部天气不会对内部环境造成太大的影响。

在一些可选的实施例中，固定部包括设置于笼门 15 两侧和设置于围栏 2 开口两侧的连接槽；连接槽上表面向下凹陷，前档栏 3 两侧设置有与连接槽凹陷配合的连接沿 33。

设置于围栏 2 处的连接槽 22 大致为凸出围栏 2 外表面的凸台，其上表面设置有凹槽，用于卡合连接沿 33。需要说明的是，在一些实施例中，当笼门 15 处设置有防雨檐 12 时，需要保持笼门 15 处连接槽 14 的位置处于同一垂直线上，因此，下方的连接槽 14 做了一定的延伸。

图 2-1-6 为本研究提供的一种一体化可移动犊牛饲喂装置的可选实施例又一使用状态的侧视图。如图所示，在一些可选的实施例中，卧笼 1 两侧靠近其前面的位置分别设置有至少 1 个支承器 13；支承器 13 与卧笼 1 转动连接，当支承器 13 转动至与卧笼 1 表面贴合时，两支承器 13 远端之间的距离小于围栏 2 的宽度；当支承器 13 转动至与卧笼 1 表面垂直时，两支承器 13 远端之间的距离大于围栏 2 的宽度；支承器 13 设置有限位机构，当其转动至与卧笼 1 表面垂直后被限位机构限制无法继续转动。

本实施例在使用时，可以将卧笼 1 转动 90°，然后，将支承器 13 转动至与卧笼 1 表面向垂直，使两支承器 13 远端之间的距离大于围栏 2 的宽度，从而将卧笼 1 架设于围栏 2 的下矩形框架处，这样在运输和吊装时都可以节省空间。在一些可选的实施方式中，围栏 2 底部设置有滚轮 21，当卧笼 1 架设至围栏 2 上之后，可以通过滚轮 21 将装置整体进行推动，可以非常方便地改变装置的位置。

在一些可选的实施例中，卧笼 1 顶部设置有用于辅助吊装的吊装环，便于吊装搬运。

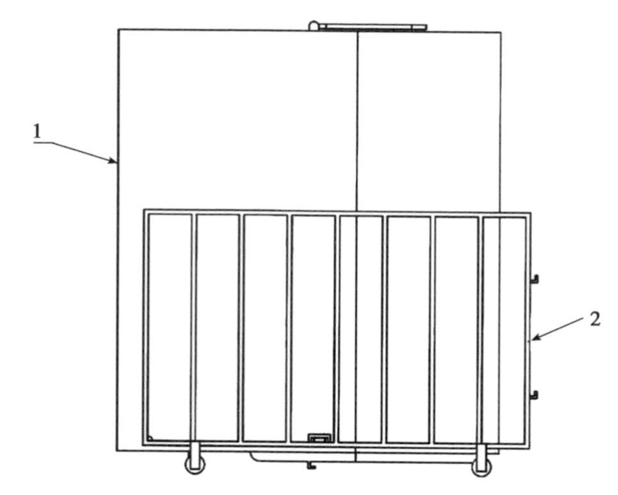

图 2-1-6　一种一体化可移动犊牛饲喂装置又一使用状态的侧视图

1—卧笼；2—围栏

本技术申请了国家专利保护，申请号为：2016 1 0627145 3

2.2　一种半开放式犊牛饲喂装置

2.2.1　技术领域

本实用新型涉及畜牧养殖技术领域，特别是指一种半开放式犊牛饲喂装置。

2.2.2　背景技术

在当前的家畜规模化饲喂中，圈养是奶犊牛饲养的一种常用养殖方式，它具有集约化程度高、单位成本相对较低，且便于统一管理的特点。近年来，为了提高奶牛产品的品质，对于奶犊牛的饲喂环境提出了越来越高的要求；部分养殖场所或科研机构已经开始采用独立笼舍饲喂的方式对奶犊牛进行喂养，以提供更加宽敞的生长发育空间和更好的生长环境。但是，现有的奶犊牛用笼舍通常形式上比较简单，如使用栏杆式的围栏或普通隔板制作，对于环境变化的适应性很差，在高温、低温、降水等恶劣的气象条件下无法保证犊牛的健康。

2.2.3 解决方案

有鉴于此，本实用新型的目的在于提出一种半开放式犊牛饲喂装置。

基于上述目的本实用新型提供的一种半开放式犊牛饲喂装置，包括卧笼和顶棚；卧笼顶部设置有开口，开口旁设置有 T 字型的固定部；顶棚中部设置有与固定部配合的导槽，顶棚通过导槽设置于固定部上，在固定部的限制下沿导槽方向滑动；顶棚滑动至第一位置时，将开口完全遮挡；卧笼正面设置有饲喂口，饲喂口外侧可拆卸设置有饲料筒。

可选的，卧笼正面转动设置有入口门，入口门的一侧转动设置有插头；插头可沿入口门表面所在平面转动；卧笼正面靠近入口门的位置设置有插槽，插头转动并插入插槽后，入口门受到限制无法转动。

可选的，卧笼的两个侧面相对设置有副通风孔。

可选的，副通风孔有至少两个。

可选的，卧笼背面设置有主通风孔；卧笼背面对应主通风孔处设置有滑轨，滑轨上设置有挡板，挡板可沿滑轨滑动。

可选的，饲料筒的侧面上部设置有挂钩，饲料筒通过挂钩悬挂于饲喂口外部。

可选的，顶棚前部，对应饲料筒上方的位置设置有向前延伸的挡雨板。

从上面可以看出，本实用新型提供的一种半开放式犊牛饲喂装置，在卧笼上方设置可移动的顶棚，可以根据天气条件改变卧笼的开放程度，能够为犊牛提供良好的生长环境，具备较好的实用性和较高的推广价值。

2.2.4 附图说明

具体实施方式如下。

图 2-2-1 为本实用新型提供的一种半开放式犊牛饲喂装置的实施例的立体示意图；图 2-2-2 为本实用新型提供的一种半开放式犊牛饲喂装置的实施例另一角度的立体示意图。如图所示，本实施例中的一种半开放式犊牛饲喂装置，包括卧笼 1 和顶棚 2；卧笼 1 顶部设置有开口，开口旁设置有 T 字型的固定部 17；顶棚 2 中部设置有与固定部 17 配合的导槽 22，顶棚 2 通过导槽 22 设置于固定部 17 上，在固定部 17 的限制下沿导槽 22 方向滑动；顶棚 2 滑动至第一位置时，将开口完全遮挡；卧笼 1 正面设置有饲喂口 11，饲喂口 11 外侧可拆卸设置有饲料筒 12。

本实施例提供的犊牛饲喂装置在使用时，顶棚 2 通过导槽 22 设置在 T 字

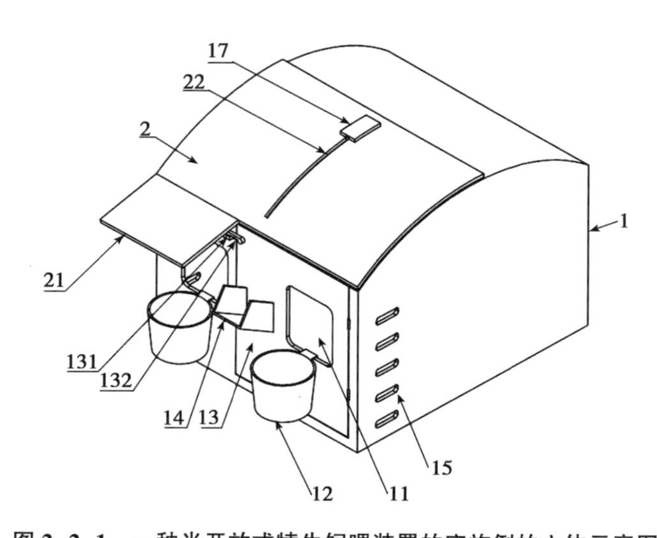

图 2-2-1　一种半开放式犊牛饲喂装置的实施例的立体示意图

1-卧笼；2-顶棚；11-饲喂口；12-饲料筒；13-入口门；14-饮水架；15-副通风孔；17-固定部；21-挡雨板；22-导槽；131-插槽；132-插头

形的固定部 17 上，并可以沿导槽 22 的方向前后滑动。当顶棚 2 滑动至装置前部时，将开口完全遮盖，卧笼 1 内部形成较为封闭的环境，在遭遇降水或低温环境时可以有效地起到保温防雨效果；当顶棚 2 滑动至装置后部时，将开口完全暴露，卧笼 1 形成半开放式的环境，当天气较为炎热时，可以有效提高通风效果，并且装置上方没有设置开口的部分还可以起到遮阳的效果。

从上面可以看出，本实施例中的半开放式犊牛饲喂装置，在卧笼上方设置可移动的顶棚，可以根据天气条件改变卧笼的开放程度，能够为犊牛提供良好的生长环境，具备较好的实用性和较高的推广价值。

在一些可选的实施例汇总，卧笼 1 正面转动设置有入口门 13，入口门 13 的一侧转动设置有插头 132；插头 132 可沿入口门 13 表面所在平面转动；卧笼 1 正面靠近入口门 13 的位置设置有插槽 131，插头 132 转动并插入插槽 131 后，入口门 13 受到限制无法转动。

本实施例中的装置在前部设置了入口门 13，犊牛可以从入口门 13 处进出卧笼 1，工作人员也可以通过入口门 13 进入卧笼 1 进行清理工作。相对于入口门 13 在装置后部的设计，本实施例的设计可以保证相邻两排装置能够背对紧贴安放，从而最大程度地节省占地面积。

在一些可选的实施例中，卧笼 1 的两个侧面相对设置有副通风孔 15。在

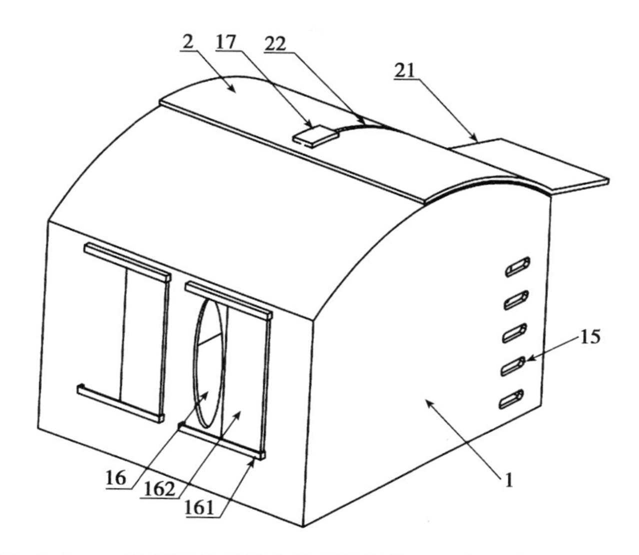

图 2-2-2　一种半开放式犊牛饲喂装置的另一角度的立体示意图

1-卧笼；2-顶棚；15-副通风孔；16-主通风孔；17-固定部；21-挡雨板；22-导槽；161-滑轨；162-挡板

一些可选的实施方式中，每个侧面的副通风孔 15 有至少两个。通过设置副通风孔 15，可以提高卧笼 1 内的通风效果，保证空气良好流通。

在一些可选的实施例中，卧笼 1 背面设置有主通风孔 16；卧笼 1 背面对应主通风孔 16 处设置有滑轨 161，滑轨 161 上设置有挡板 162，挡板 162 可沿滑轨 161 滑动。主通风孔 16 的大小要大于副通风孔 15；主通风孔 16 可以配合饲喂口 11 形成良好的风道，适合在炎热天气降低卧笼 1 内部温度。挡板 162 可以将主通风孔 16 完全遮挡，在降水或低温天气可以保证内部犊牛的健康。

在一些可选的实施例中，饲料筒 12 的侧面上部设置有挂钩，饲料筒 12 通过挂钩悬挂于饲喂口 11 外部。悬挂式的设计方便取下饲料筒 12 进行清理。

在一些可选的实施例中，顶棚 2 前部，对应饲料筒 12 上方的位置设置有向前延伸的挡雨板 21。当顶棚 2 移动至卧笼 1 前部时，挡雨板 21 将下方的饲料筒 12 完全遮挡，可以防止雨水流入饲料筒 12 种，沾湿或污染内部的饲料。

在一些可选的实施例中，卧笼 1 前表面设置有向前延伸的饮水架 14；饮水架 14 前端上翘，饮水架 14 与卧笼 1 连接处的卧笼 1 表面设置有饮水口。可以将饮水器放置于饮水架中，饮水器出水口通过饮水口渗入卧笼 1 内部，供犊牛引用。

本技术申请了国家专利保护，申请号为：2016 2 0830232 4

2.3 一种组装式奶犊牛饲喂装置

2.3.1 技术领域

本研究涉及畜牧养殖技术领域，特别是指一种组装式奶犊牛饲喂装置。

2.3.2 背景技术

家畜在养殖中经常要用到围栏，便于圈养管理。目前，国内常用的养殖围栏大都是采用砖砌结构，或金属栏杆结构，安装过程较长，并且，材料成本较为高昂，虽然具备较长的使用寿命，但是灵活程度较差；对于养殖规模的变化，现有技术的围栏不能良好的适应，特别是在奶犊牛生长过程中，需要专门的饲喂场所，而在长成后这些饲喂场所会在一定时间内出现空缺，造成浪费；另一方面，如果养殖场废弃或转移，养殖户也无法对围栏进行移动和回收，具有一定的风险性。

2.3.3 解决方案

有鉴于此，本研究的目的在于提出一种组装式奶犊牛饲喂装置，以增强现有的饲喂装置的灵活性。

基于上述目的本研究提供的一种组装式奶犊牛饲喂装置，包括卧笼和笼门；卧笼由两平行设置的间隔板与设置于间隔板之间的背板组装而成；间隔板远离背板的一端朝向卧笼中心延伸形成延伸部分，延伸部分边缘设置有笼门安装位，笼门转动连接于笼门安装位；延伸部分外侧转动设置有限位器，笼门远离笼门安装位的一端设置有卡槽，卡槽与限位器；笼门设置有用于投放饲料的饲喂口。

可选的，饲喂口内设置有料槽放置架，料槽放置架包括设置于上方的圆环形的开口支架和设置于下方的托架，在限位支架和托架之间设置有连接支架。

可选的，笼门上设置有饮水器放置架，饮水器放置架远离笼门的一端高于靠近笼门的一端；笼门上，对应饮水器放置架的位置设置有供饮水器出水口通过的开口。

可选的，背板上设置有通风部，通风部包括通风窗和环绕通风窗两侧及下边缘设置的固定槽，固定槽中可拆卸设置有完全遮挡通风窗的挡板。

可选的，间隔板有至少 3 个，间隔板等距设置，任意两相邻的间隔板之间通过背板相连接，组成至少 2 个卧笼；设置于外侧的 2 个间隔板的延伸部分有 1 个，朝向设置于外侧的 2 个间隔板所属的卧笼中心延伸；其他间隔板的延伸部分有 2 个，分别朝向两侧延伸。

可选的，笼门安装位包括阻挡檐和安装孔；笼门安装位包括一矩形缺口，阻挡檐的宽度小于矩形缺口的深度，阻挡檐紧靠缺口的内侧设置；缺口外侧的上下两端面，分别设置有用于安装笼门的安装孔。

从上面可以看出，本研究提供的组装式奶犊牛饲喂装置通过模块化设计，将装置拆分为可快速拼装与拆卸的几个部分，便于根据需要随时组装使用或拆卸搬运，具备良好的适用性和易用性，非常适合饲养规模不确定，或者场地环境变化较大的养殖机构使用。

2.3.4 附图说明

为使本研究的目的、技术方案和优点更加清楚明白，以下结合具体实施例，并参照附图，对本研究进一步详细说明。

图 2-3-1 为本研究提供的一种组装式奶犊牛饲喂装置的实施例的立体示意图，图 2-3-4 为本研究提供的一种组装式奶犊牛饲喂装置的实施例在另一状态下的立体示意图。如图 2-3-4 所示，本实施例中的一种组装式奶犊牛饲喂装置，包括卧笼 1 和笼门 2；卧笼 1 由两平行设置的间隔板 14 与设置于间隔板 14 之间的背板 15 组装而成；间隔板 14 远离背板 15 的一端朝向卧笼中心延伸形成延伸部分，延伸部分边缘设置有笼门安装位 13，笼门 2 转动连接于笼门安装位 13；延伸部分外侧转动设置有限位器 12，笼门 2 远离笼门安装位 13 的一端设置有卡槽 24，卡槽 24 与限位器 12；笼门 2 设置有用于投放饲料的饲喂口 21。

本实施例通过使用间隔板 14 和背板 15 拼装组合形成卧笼 1，并在笼门 2 上设置有饲喂口 21。整个装置模块化设计，结构简单实用，方便组装和拆卸，能够根据用户实际需要的生产规模随时调整，非常灵活方便。

图 2-3-2 为本研究提供的一种组装式奶犊牛饲喂装置的实施例中卧笼的立体示意图。如图所示，为了提高本实施例的可扩展性，在本实施例的一些可选的实施方式中，间隔板 14 有至少 3 个，间隔板 14 等距设置，任意两相邻的间隔板 14 之间通过背板 15 相连接，组成至少 2 个卧笼 1；设置于外侧的 2 个间隔板 14 的延伸部分有 1 个，朝向设置于外侧的 2 个间隔板 14 所属的卧笼 1 中心延伸；其他间隔板 14 的延伸部分有 2 个，分别朝向两侧延伸。

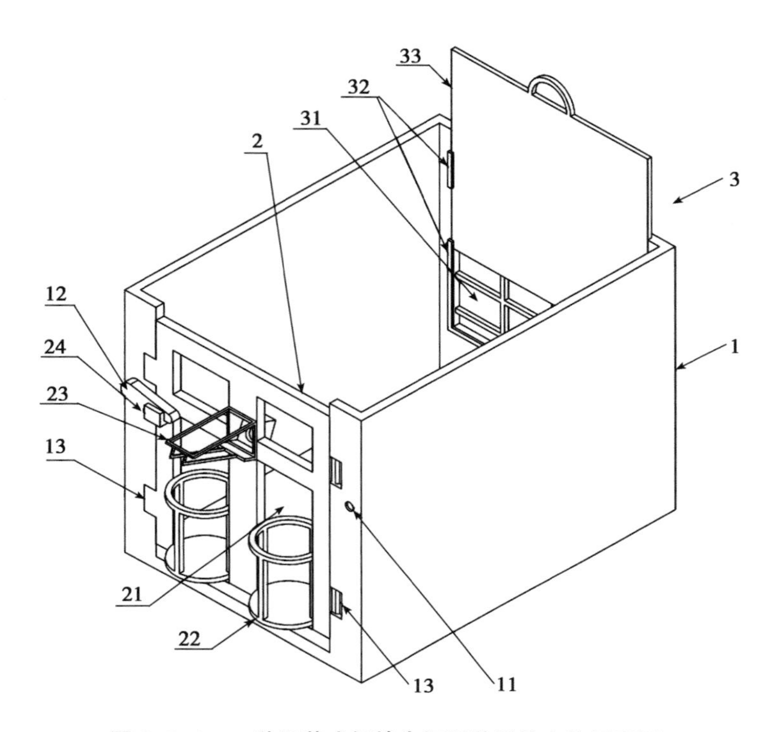

图 2-3-1 一种组装式奶犊牛饲喂装置的立体示意图

1-卧笼；2-笼门；3-通风部；11-限位器安装孔；12-限位器；13-笼门安装位；21-饲喂口；22-料槽放置架；23-饮水器放置架；24-卡槽；31-通风窗；32-固定槽；33-挡板

上述实施方式中，相邻的卧笼 1 共用一块间隔板 14，在装配完成后，处于同一排的卧笼全部连接成为一个整体，具备一定程度的抗风能力，更加适合设置于开放或半开放式的养殖场所。

综上可见，本实施例提供的组装式奶犊牛饲喂装置通过模块化设计，将装置拆分为可快速拼装与拆卸的几个部分，便于根据需要随时组装使用或拆卸搬运，具备良好的适用性和易用性，非常适合饲养规模不确定，或者场地环境变化较大的养殖机构使用。

在一些可选的实施例中，饲喂口 21 内设置有料槽放置架 22，料槽放置架 22 包括设置于上方的圆环形的开口支架和设置于下方的托架，在限位支架和托架之间设置有连接支架。

在使用时，可以使用桶状的料槽，桶状的料槽设置于料槽放置架 22 内时，

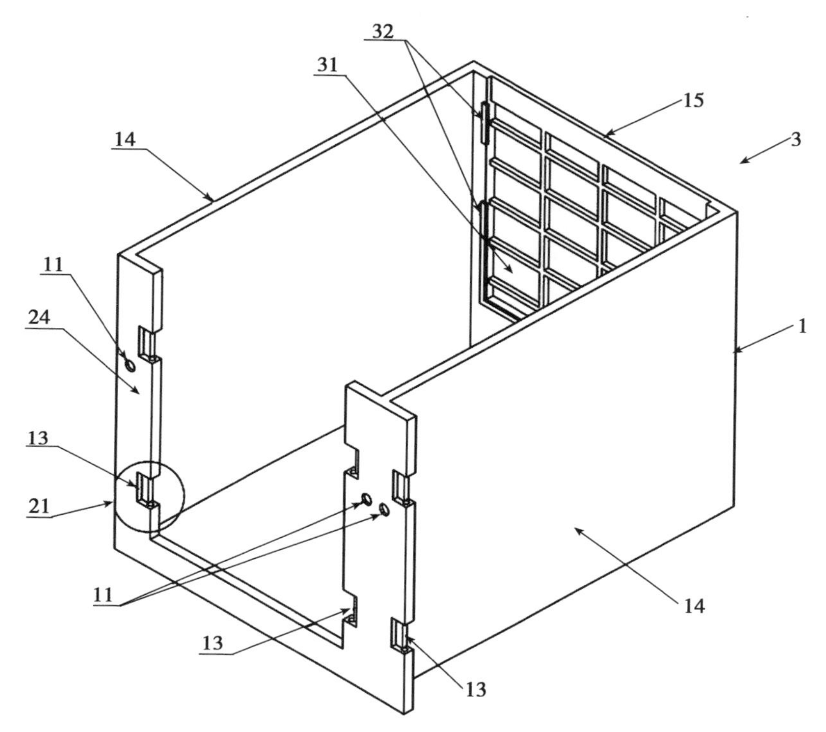

图 2-3-2 一种组装式奶犊牛饲喂装置中卧笼的立体示意图

1-卧笼；3-通风部；11-限位器安装孔；13-笼门安装位；14-间隔板；15-背板；21-饲喂口；24-卡槽；31-通风窗；32-固定槽

料槽上部受到开口支架的限制而不会随意移动，料槽中部则受到连接支架的限制，也不会发生歪斜。最下方设置的托架是一个整体的平板而非网格或栏杆，这样可以保证足够的强度，当装料较多时不会将料槽放置架 22 压坏。

在一些可选的实施方式中，饲喂口 21 的数量有 2 个或者 2 个以上，同一卧笼 1 中可饲喂的奶犊牛数量也为 2 个或者 2 个以上。

在一些可选的实施例中，笼门 2 上设置有饮水器放置架 23，饮水器放置架 23 远离笼门 2 的一端高于靠近笼门 2 的一端；笼门 2 上，对应饮水器放置架 23 的位置设置有供饮水器出水口通过的开口。

将饮水器放置于饮水器放置架 23 后，饮水器的出水口可以通过开口伸入卧笼 1 中，供犊牛饮用。

在一些可选的实施例中，背板 15 上设置有通风部 3，通风部 3 包括通风窗 31 和环绕通风窗 31 两侧及下边缘设置的固定槽 32，固定槽 32 中可拆卸设置有完全遮挡通风窗 31 的挡板 33。由于本装置的定位是较为密集的饲养场合，为了保证犊牛的健康，需要维持良好的通风能力，同时又要具备一定的抗寒功能，因此在装置的背板 15 上设置了通风部 3；通风部 3 包括一个通风窗 31，通风窗设置有网格状的栏杆，能够提供非常良好的通风效果，同时，为了避免寒冷天气对犊牛健康的影响，还在通风窗 31 的周边设置了固定槽 32，并配置了可以插在固定槽 32 中的挡板 33，当遭遇到温度突降的天气变化时，可以将挡板 33 插放于固定槽 32 内，从而避免空气流通，起到保温功能。

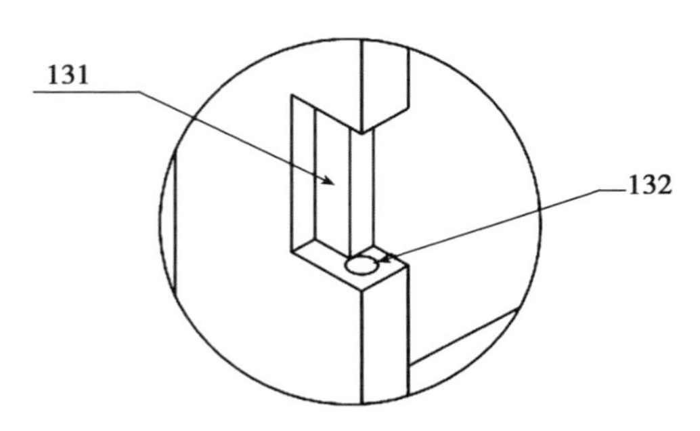

图 2-3-3　图 2-3-2 中 A 区域的放大示意图

131-阻挡檐；132-安装孔

图 2-3-3 为图 2-3-2 中 A 区域的放大示意图。如图 2-3-3 所示，在一些可选的实施例中，笼门安装位 13 包括阻挡檐 131 和安装孔 132；笼门安装位 13 包括一矩形缺口，阻挡檐 131 的宽度小于矩形缺口的深度，阻挡檐 131 紧靠缺口的内侧设置；缺口外侧的上下两端面，分别设置有用于安装笼门的安装孔 132。

笼门 2 上设置有向外侧凸出的定位檐，定位檐的位置、尺寸均与阻挡檐 131 相配合。当笼门 2 关闭时，定位檐收到阻挡檐 131 的阻挡，笼门定位，然后，转动限位器 12 至卡槽 24 中，即可完成笼门 2 的闭合和卡锁。需要说明的是，在组装完毕后，装置前部开口两侧均设置有限位器安装孔 11，和笼门安装位 13，并且，笼门安装位 13 既能够实现笼门 2 的固定，又能够实现笼门 2 的阻挡；因此，本装置在实际装配时，可以根据现场的需要，灵活地确定笼门 2 的安装方向，以便适应更多的环境。

本技术申请了国家专利保护，申请号为：2016 2 0833548 9

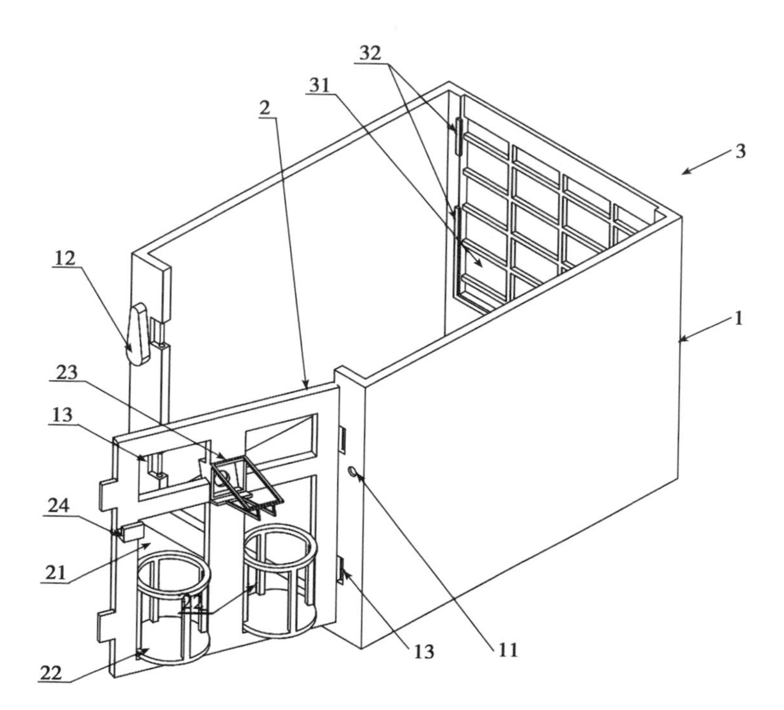

图 2-3-4　一种组装式奶犊牛饲喂装置在另一状态下的立体示意图

1-卧笼；2- 笼门；3-通风部；11-限位器安装孔；12-限位器；13-笼门安装位；21-饲喂口；22-料槽放置架；23-饮水器放置架；24-卡槽；31-通风窗；32-固定槽

2.4　一种奶犊牛卧床

2.4.1　技术领域

本研究涉及家畜养殖设备技术领域，特别是指一种奶犊牛卧床。

2.4.2　背景技术

在当前的家畜规模化饲喂中，圈养是奶犊牛饲养的一种常用养殖方式，它具有集约化程度高、单位成本相对较低，且便于统一管理的特点，但是由于家畜的生活环境较为拥挤，个体的生长发育条件受到了一定限制，最终会影响家畜的福利、健康甚至最终影响家畜的利用年限。因此，在一些新的饲养理念中，提出了选取开放的野外场地，建立临时的养殖场所，能够为奶犊牛的生长提供充足的空间。但是，在野外露天条件下，需要充分考虑到各种不利的天气因素，还需要保证奶犊牛休息场合的良好通风，才能够满足动物福利，为奶犊牛生长提供良好环境，而这些条件都是现有技术中的奶犊牛卧床无法满足的。

2.4.3 解决方案

有鉴于此，本研究的目的在于提出一种奶犊牛卧床，用以实现良好的通风效果和环境适应性。

基于上述目的本研究提供的一种奶犊牛卧床，包括主体和挡板；主体前部设置有开放的笼门，笼门下边缘与地面之间的距离至少为 5cm；主体上部向上凸出，形成风道，风道前端设置有百叶窗型的第一通风孔；主体后部设置有开放的第二通风孔，挡板转动连接至主体后部，并覆盖第二通风孔；挡板上，与第一通风孔相对的位置设置有百叶窗型的辅助通风孔。

可选的，主体后部还设置有通风部；通风部为圆形，设置有至少 2 个扇形的第三通风孔；第三通风孔中心对称设置于通风部内，且第三通风孔的圆心角乘以第三通风孔的数量的结果不超过 180°。

可选的，通风部还包括旋转挡板；旋转挡板呈圆形，转动连接至通风部，覆盖于第三通风孔外侧；旋转挡板上设置有扇形挡片，扇形挡片的尺寸与第三通风孔的尺寸配合。

可选的，挡板上端转动连接至主体后部，挡板下端设置有支承杆，支承杆与挡板转动连接；第二通风孔的下边缘处设置有与支承杆配合，用于限位支承杆的卡槽。

可选的，主体正面上部向外凸出，形成挡雨檐。

从上面可以看出，本研究提供的奶犊牛卧床结构简单，功能实用，充分考虑到室外设置的养殖场遭遇到不良天气时，对畜牧饲养可能带来的不利影响，为奶犊牛的生长和休憩提供了良好的环境条件。

2.4.4 附图说明

为使本研究的目的、技术方案和优点更加清楚明白，以下结合具体实施例，并参照附图，对本研究进一步详细说明。

图 2-4-1 为本研究提供的一种奶犊牛卧床的实施例的立体示意图，图 2-4-2 为本研究提供的一种奶犊牛卧床的实施例的主视图，图 2-4-3 为本研究

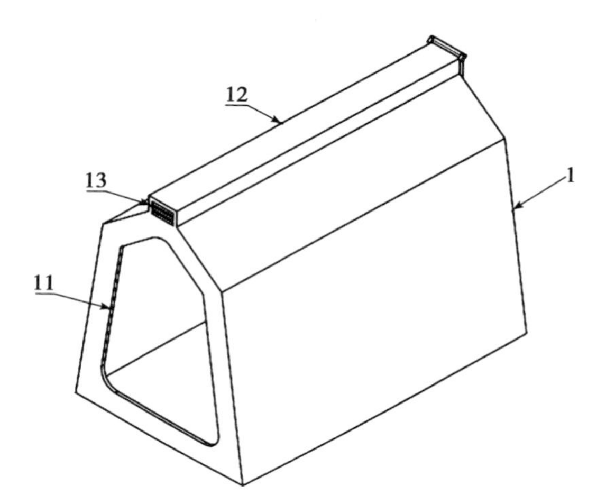

图 2-4-1 一种奶犊牛卧床的立体示意图

1-主体；11-笼门；12-风道；13-第一通风孔

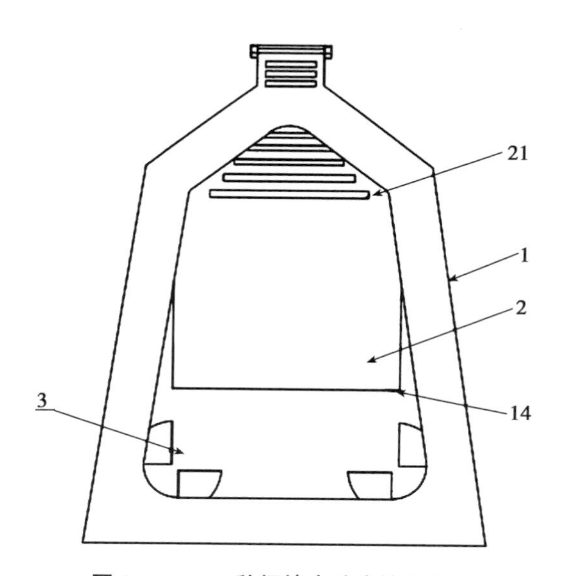

图 2-4-2 一种奶犊牛卧床的主视图

1-主体；2-挡板；3-通风部；14-第二通风孔；21-辅助通风孔

提供的一种奶犊牛卧床的实施例的后视图。如图所示，本实施例中的一种奶犊牛卧床，包括主体 1 和挡板 2；主体 1 前部设置有开放的笼门 11，笼门 11 下

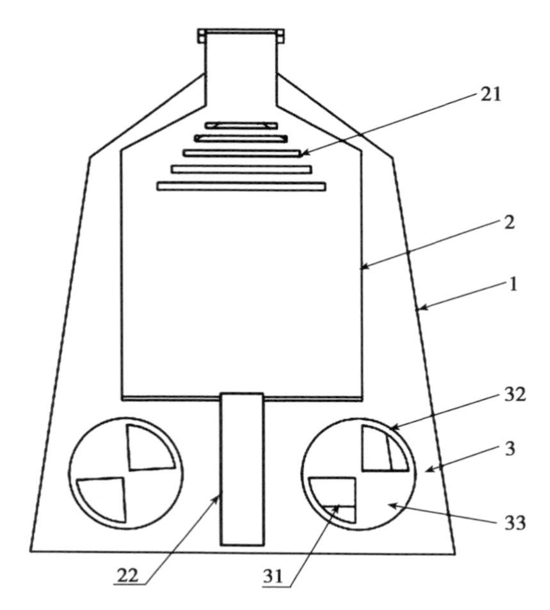

图 2-4-3　一种奶犊牛卧床的后视图

1-主体；2-挡板；3-通风部；21-辅助通风孔；22-支承杆；31-第三通风孔；32-旋转挡板；33-扇形挡片

边缘与地面之间的距离至少为5cm；主体1上部向上凸出，形成风道12，风道12前端设置有百叶窗型的第一通风孔13；主体1后部设置有开放的第二通风孔14，挡板2转动连接至主体1后部，并覆盖第二通风孔14；挡板2上，与第一通风孔13相对的位置设置有百叶窗型的辅助通风孔21。

结合附图可见，本实施例中的卧床充分考虑到动物的生活环境，采取了多样的方式提高动物福利：

首先，笼门11下边缘与地面具备一定间隔，虽然增加了制造工艺的复杂程度，但是配合预先设置的简单基座，或者其他配置在主体1下边缘的简单放水措施，就可以有效地防止外部水流侵入，在遭遇到降水天气时，可以保证卧床主体1内部干燥。

此外，通过设置第一通风孔13和第二通风孔14，并在两者之间构筑风道12，可以保证良好的通风效果；奶犊牛躺卧或者站立在卧床内时，可能会阻挡笼门，降低笼门的通风能力，此时风道12就可以有效地促进卧床内部的空气流通。

另外，在第二通风孔 14 外侧还设置有可转动的挡板 2，挡板 2 上设置有辅助通风孔 21。当需要最大的通风能力时，可以将挡板 2 掀起，翻转置于主体 1 上，使得第二通风孔 14 完全暴露，通风能力最强；将挡板 2 放下时，由辅助通风孔 21 代替第二通风孔 14 完成通风功能，由于辅助通风孔 21 较小，并呈百叶窗型设计，通风能力稍弱，但是可以有效起到防风沙、防水的效果，可以抵御恶劣天气。

从上面可以看出，本实施例提供的奶犊牛卧床结构简单，功能实用，充分考虑到室外设置的养殖场遭遇到不良天气时，对畜牧饲养可能带来的不利影响，为奶犊牛的生长和休憩提供了良好的环境条件。

在一些可选的实施例中，主体 1 后部还设置有通风部 3；通风部 3 为圆形，设置有至少 2 个扇形的第三通风孔 31；第三通风孔 31 中心对称设置于通风部 3 内，且第三通风孔 31 的圆心角乘以第三通风孔 31 的数量的结果不超过 180°。

通风部 3 的作用是提供除第二通风孔 14 外的额外通风。之所以将第三通风孔 31 的圆心角乘以第三通风孔 31 的数量的结果限制为不超过 180°，是为了保证第三通风孔 31 的总面积不会过大，一方面可以防止进水等问题，另一方面可以配合一些阻挡部件，保证充分的的密封效果。

在一些可选的实施例中，通风部 3 还包括旋转挡板 32；旋转挡板 32 呈圆形，转动连接至通风部 3，覆盖于第三通风孔 31 外侧；旋转挡板 32 上设置有扇形挡片 33，扇形挡片 33 的尺寸与第三通风孔 31 的尺寸配合。

当旋转挡板 32 旋转至一定角度，使得扇形挡片 33 和第三通风孔 31 完全错开时，可以达到最佳的通风效果；当旋转挡板 32 旋转至另一角度，使得扇形挡片 33 和第三通风孔 31 完全重叠时，可以将第三通风孔 31 完全密封，在降水或潮湿天气时尤其有效。

图 2-4-4 为本研究提供的一种奶犊牛卧床的实施例的侧视图，图 2-4-5 为本研究提供的一种奶犊牛卧床的实施例在另一使用状态下的侧视图。如图所示，在一些可选的实施例中，挡板 2 上端转动连接至主体 1 后部，挡板 2 下端设置有支承杆 22，支承杆 22 与挡板 2 转动连接；第二通风孔 14 的下边缘处设置有与支承杆 22 配合，用于限位支承杆 22 的卡槽。

如图所示，本实施例为挡板 2 提供了介于完全关闭和完全开放之间的另一种使用状态。通过支承杆 22 可以将挡板 2 支承起一定角度，从而一定程度上提高了通风效果，同时，挡板 2 又能够起到挡雨的效果，一举两得。

在一些可选的实施例中，主体 1 正面上部向外凸出，形成挡雨檐，以提供额外的挡雨效果。

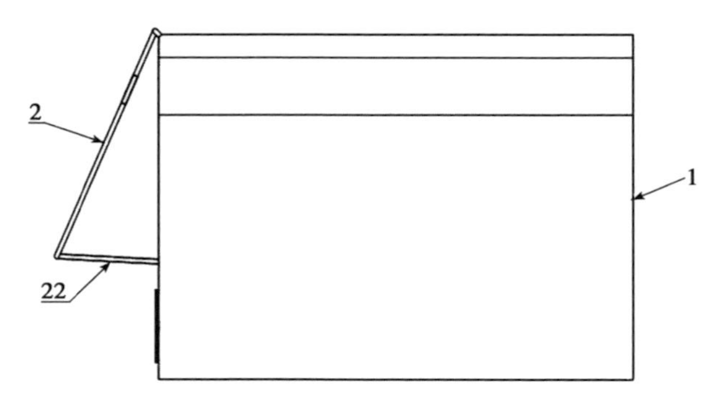

图 2-4-4　一种奶犊牛卧床的侧视图

1-主体；2-挡板；22-支承杆

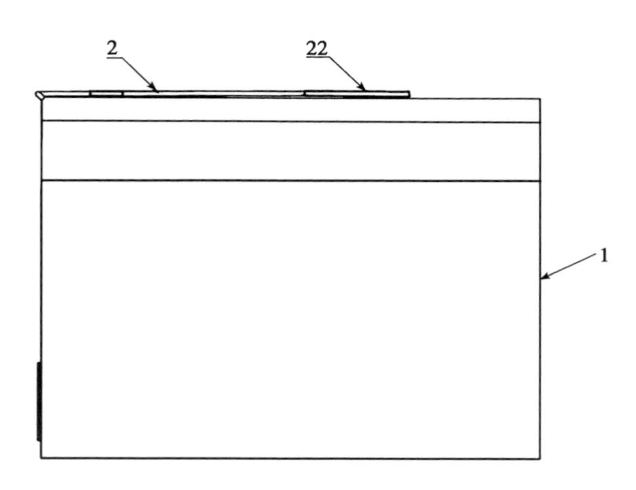

图 2-4-5　一种奶犊牛卧床另一使用状态下的侧视图

1-主体；2-挡板；22-支承杆

本技术申请了国家专利保护，申请号为：2016 2 0835362 7

2.5　一种奶牛颈夹

2.5.1　技术领域

本研究涉及畜牧养殖设备，尤其是指一种对奶牛进行选择性锁定的半自动奶牛颈夹。

2.5.2 背景技术

在规模化奶牛场饲喂过程中，为满足奶牛的精细化饲喂及个性化管理，经常需要对某些奶牛进行近距离观察、定量的饲喂和控制，这就需要通过卡具卡住奶牛的脖子阻止奶牛离开，达到定点定时采食、采集血样或灌药等需求，这种颈部的卡具即为颈夹。而全自动的奶牛颈夹不便于满足个性化的要求，而且一般成本较高，对奶牛体型的整齐度要求也高，对于小规模的牛场往往做不到这点，或者利用起来达不到预期的效果。因此，研究开发手动与自动相结合的，即半自动的奶牛颈夹，可根据个体、时间点或时间区间，决定奶牛颈夹的灵活使用，对于广大的小规模饲喂的奶牛场，以及对部分奶牛开展观察与试验等具有现实意义，也能满足现实的需求。

2.5.3 研究内容

有鉴于此，本研究的目的在于提出一种奶牛颈夹。

基于上述目的本研究提供的一种奶牛颈夹，包括主体框架和活动档杆；主体框架包括水平设置的两根水平框架和竖直设置于水平框架之间的两根竖直框架；竖直框架中部朝向主体框架内部凸出，两竖直框架最近点距离大于奶牛颈部宽度的平均值，小于奶牛头部宽度的平均值；活动档杆中部转动设置于竖直框架中部。

活动档杆上部设置有卡合部；位于上方的水平框架上设置有对应于两个活动档杆的转动部，转动部转动连接至水平框架；活动档杆由倾斜转动至竖直时，卡合部与转动部接触并被转动部限位。

进一步，卡合部顶部水平设置有卡合杆，转动部下部设置有向下开口的卡合槽；活动档杆由倾斜转动至竖直时，卡合杆进入卡合槽并被卡合槽限位。

进一步，卡合部处于水平时，其底部倾斜，底部高度由外至内逐渐降低。

进一步，活动档杆下部设置有辅正杆；活动档杆转动至竖直时，辅正杆远离活动档杆的一端与靠近该活动档杆的竖直框架接触。

进一步，还包括驱动轴，驱动轴上设置有驱动杆；转动部侧面设置有倾斜的滑轨，驱动杆设置有滑轨内；当驱动轴转动时，驱动杆在滑轨内移动，带动转动部沿垂直于驱动轴的轴向转动。

从上面可以看出，本研究提供的的奶牛颈夹，可以实现奶牛的自动锁定和手动释放，结构简单，操作方便，能够满足定点定时喂食、采血、灌药的要求。

2.5.4 具体实施方式

为使本研究的目的、技术方案和优点更加清楚明白，以下结合具体实施例，并参照附图，对本研究进一步详细说明。

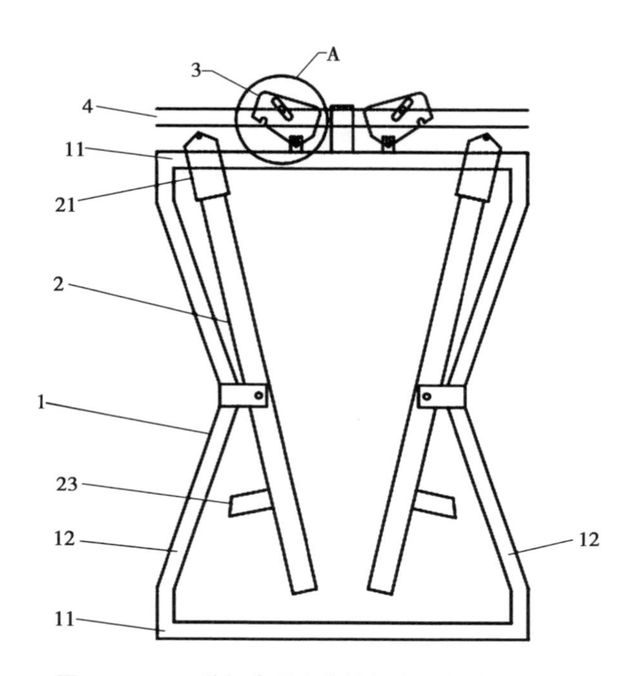

图 2-5-1 一种奶牛颈夹在档杆未闭合时的示意图

1-主体框架；2-活动档；3-通风部；4-转动部；11-水平框架；12-竖直框架；21-卡合部；23-辅正杆

图 2-5-1 为本研究提供的一种奶牛颈夹的实施例在档杆未闭合时的示意图；图 2-5-2 为本研究提供的一种奶牛颈夹的实施例在档杆闭合时的示意图。如图所示，本实施例中的一种奶牛颈夹，包括主体框架 1 和活动档杆 2；主体框架 1 包括水平设置的两根水平框架 11 和竖直设置于水平框架 11 之间的两根竖直框架 12；竖直框架 12 中部朝向主体框架 1 内部凸出，两竖直框架 12 最近点距离大于奶牛颈部宽度的平均值，小于奶牛头部宽度的平均值；活动档杆 2 中部转动设置于竖直框架 12 中部。

活动档杆 2 上部设置有卡合部 21；位于上方的水平框架 11 上设置有对应

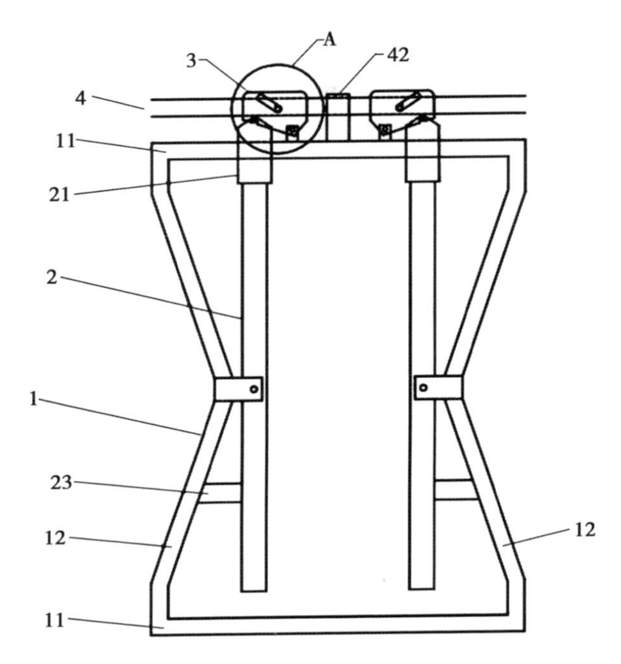

图 2-5-2 一种奶牛颈夹在档杆闭合时的示意图

1-主体框架；2-活动档；3-转动部；4-驱动轴；11-水平框架；12-竖直框架；21-卡合部；23-辅正杆；42-驱动杆

于两个活动档杆 2 的转动部 3，转动部 3 转动连接至水平框架 11；活动档杆 2 由倾斜转动至竖直时，卡合部 21 与转动部 3 接触并被转动部 3 限位。

如图 2-5-1，在奶牛未进入颈夹时，活动档杆 2 处于倾斜状态，两活动档杆 2 中部上方存在可以供奶牛头部通过的空间；当奶牛将头部伸入此空间，并将颈部下压取食时，活动档杆 2 因受到奶牛颈部的挤压由倾斜转动至竖直。此时，转动部 3 将活动档杆 2 进行限位，达到图 2-5-2 状态，从而完成对奶牛颈部的锁定。

需要说明的是，图 2-5-1 中转动部 3 翘起的状态仅是为了展示转动部 3 的一种位置，此时转动部 3 由下文会进行说明的驱动轴 4 进行限位，所以翘起。通常时，转动部 3 为水平状态并可以自由转动。活动档杆 2 有倾斜转动至竖直时，将转动部 3 推顶翘起，待达到卡合位置时，转动部 3 因重力落下，实现自动锁定。

图 2-5-3 为图 2-5-1 中 A 区域的 21-卡合部 23-辅正杆放大示意图；图

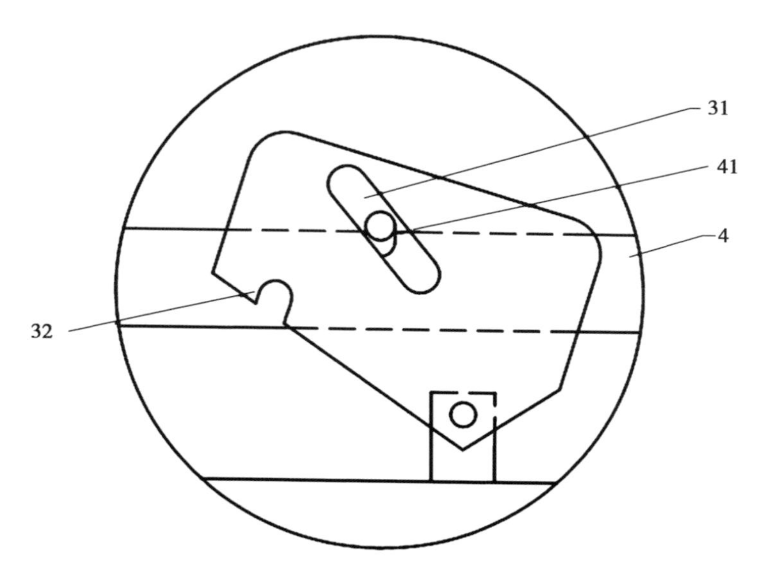

图 2-5-3　图 2-5-1 中 A 区域的放大示意图

4-转动部；31-卡合部；32-辅正杆；41-驱动杆

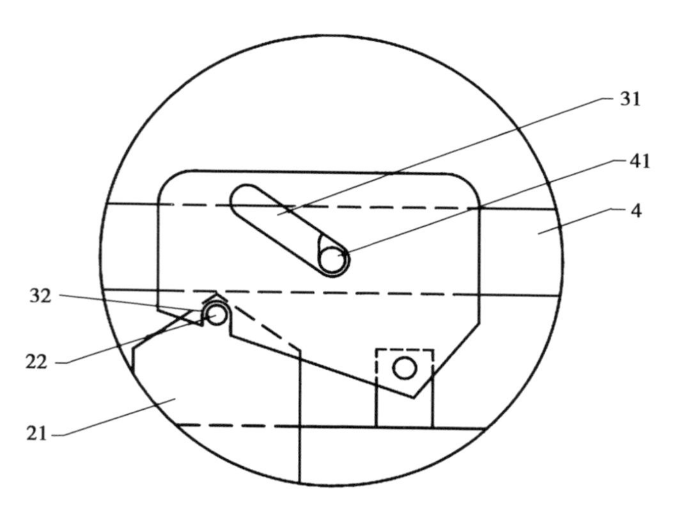

图 2-5-4　图 2-5-2 中 A 区域的放大示意图

4-转动部；21-卡合部；23-辅正杆；31-卡合部；32-辅正杆；41-驱动杆

2-5-4为图 2-5-2 中 A 区域的放大示意图。参考图 2-5-3、2-5-4 对实施例中的半自动锁定机构进行进一步说明。

在一较优实施例中，卡合部 21 顶部水平设置有卡合杆 22（以图2-5-3为观察视角，卡合杆 22 轴向垂直于纸面），转动部 3 下部设置有向下开口的卡合槽 32；活动档杆 2 由倾斜转动至竖直时，卡合杆 22 进入卡合槽 32 并被卡合槽 32 限位。

进一步，卡合部 21 处于水平时，其底部倾斜，底部高度由外至内逐渐降低。这是为了卡合杆 22 可以自行顶起转动部 3。

在一些可选的实施方式中，活动档杆 2 下部设置有辅正杆 23；活动档杆 2 转动至竖直时，辅正杆 23 远离活动档杆 2 的一端与靠近该活动档杆 2 的竖直框架 12 接触。辅正杆 23 的作用是，防止活动档杆 2 转动角度过大，超过了锁定的位置，导致无法锁定。

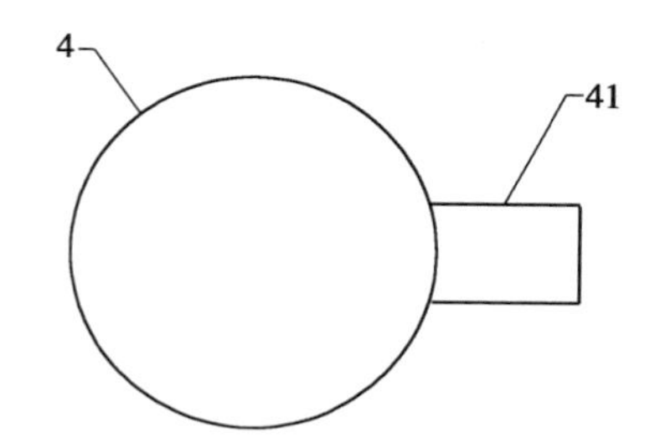

图 2-5-5　一种奶牛颈夹驱动轴的截面示意图

4-转动部；41-驱动杆

图 2-5-5 为本研究提供的一种奶牛颈夹的实施例中驱动轴的截面示意图。根据权利要求 1 一种奶牛颈夹，其特征在于，还包括驱动轴 4，驱动轴上设置有驱动杆 41；转动部 3 侧面设置有倾斜的滑轨 31，驱动杆 41 设置有滑轨 31 内；当驱动轴 4 转动时，驱动杆 41 在滑轨 4 内移动，带动转动部 3 沿垂直于驱动轴 4 的轴向转动。

驱动轴 4 转动时，可以带动转动部 3 进行转动；驱动轴 4 转动的动力可以为人力，也可以为电动机等机械动力。特别的，在一较佳的实施方式中，上述实施例的奶牛颈夹有多个，并列设置，且共用一根驱动轴 4；这样转动驱动轴 4 时，可以同时抬起所有转动部 3，从而将锁定的活动档杆 2 释放，完成对奶牛的释放。

综上可见，本研究提供的奶牛颈夹，可以实现奶牛的自动锁定和手动释放，结构简单，操作方便，能够满足定点定时喂食、采血、灌药的要求。

本技术申请了国家专利保护，获得的专利号为：ZL 2015 2 0677776.7

2.6 一种牛胃瘘管

2.6.1 技术领域

本研究涉及畜牧养殖设备技术领域，特别是指一种牛胃瘘管。

2.6.2 背景技术

瘤胃是反刍动物的第一胃，是迄今已知的降解纤维物质能力最强的天然“发酵罐”。在瘤胃中贮存有瘤胃液，瘤胃液中含有丰富的微生物，包括细菌、产甲烷菌、真菌与原虫，还有少数噬菌体。瘤胃微生物对饲料的发酵是导致反刍动物与非反刍动物消化代谢特点不同的根本原因，这是瘤胃与微生物相互选择的结果。

对于牛瘤胃液生理生化的研究工作，常常借助于在瘤胃上安装不同形式的瘘管来进行观察、测试或采样进行分析。现有技术的牛胃瘘管只有一处封盖，无论进行何种操作都需要将封盖打开，反复开关封盖一方面会导致牛瘤胃环境反复变化，影响瘤胃内部环境；另一方面，塞状的橡胶封盖在开关过程中会迅速老化，甚至发生自然脱落，使牛瘤胃与外部自然环境发生长期连通，对于科研结果和牛只本身健康造成不良的影响。

2.6.3 研究内容

有鉴于此，本研究的目的在于提出一种牛胃瘘管，用以实现根据不同的需要开放不同大小的开口，以保证牛瘤胃环境的稳定。

基于上述目的本研究提供的一种牛胃瘘管，包括：

瘘管主体，为圆柱体；瘘管主体两端面边缘朝向远离其轴心方向延展形成固定贴片；瘘管主体内部平行于其轴线设置有圆形、贯通的第一检测孔。

旋塞，为圆柱体，设置于第一检测孔内并与第一检测孔通过螺纹配合；旋塞内部平行于其轴线设置有圆形、贯通的第二检测孔。

取样塞，为圆柱体，设置于第二检测孔内并与第二检测孔过盈配合。

可选的，第一检测孔底部边缘设置有朝向第一检测孔中部凸出的第一限位沿。

可选的，第二检测孔底部边缘设置有朝向第二检测孔中部凸出的第二限位沿。

可选的，旋塞上表面设置有用于辅助抓握的抓握部。

可选的，旋塞上表面的至少一处朝向远离此面的方向凸起，形成抓握部。

可选的，旋塞上表面设置有至少一处朝向旋塞内部的凹陷，形成抓握部。

可选的，取样塞上表面设置有环状的拉环。

从上面可以看出，本研究提供的一种牛胃瘘管通过设置相互嵌套的旋塞和取样塞，可以根据需要选择不同方式开闭瘘管，由于取样塞直径较小，在频繁操作时不会对牛胃内部环境造成影响，且不易发生脱落问题；即使脱落，也不会产生严重后果，对于科研结果的精确度和牛只身体健康起到的积极的效果。

2.6.4 具体实施方式

为使本研究的目的、技术方案和优点更加清楚明白，以下结合具体实施例，并参照附图，对本研究进一步详细说明。

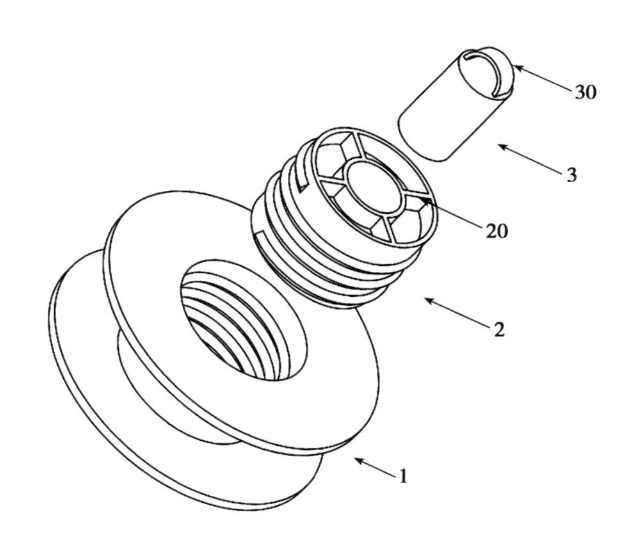

图 2-6-1 一种牛胃瘘管的立体爆炸示意图

1-瘘管主体；2-旋塞；3-取样塞；20-抓握部；30-拉环

图 2-6-1 为本研究提供的一种牛胃瘘管的实施例的立体爆炸示意图；图 2-6-2为本研究提供的一种牛胃瘘管的实施例中瘘管主体的剖视图；图 2-6-3 为本研究提供的一种牛胃瘘管的实施例中旋塞的剖视图。需要说明的是，本申请中的“上部、下部”等指示方位的词语，均以图 2-6-2 或图 2-6-3 为观察

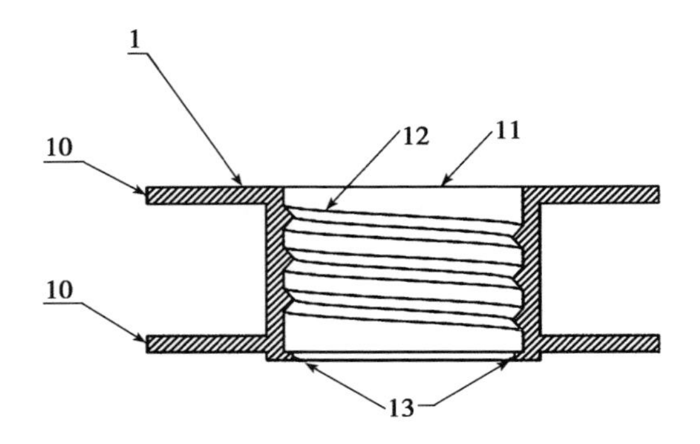

图 2-6-2　一种牛胃瘘管主体的剖视图

1-瘘管主体；10-固定贴片；11-第一检测孔；
12-第一检测孔螺纹；13-第一限位沿

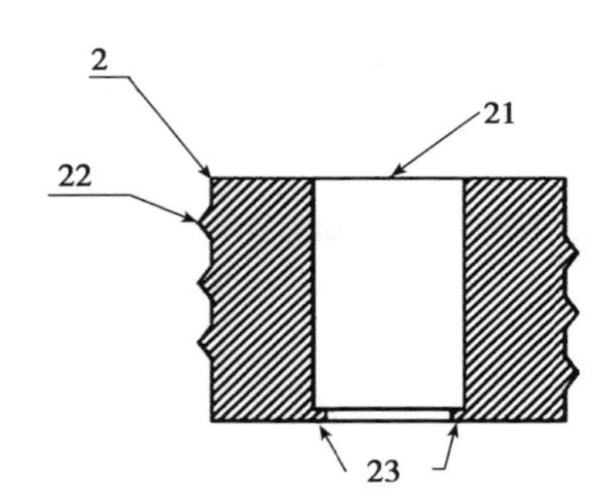

图 2-6-3　一种牛胃瘘管中旋塞的剖视图

2-旋塞；21-第二检测孔；22-螺纹；23-第二限位沿

视角进行叙述，且仅用于对本申请实施例的结构进行示意性说明，并非对本申请的保护范围进行限定。

参考附图所示，本研究的一个实施例提供一种牛胃瘘管，包括：瘘管主体1，为圆柱体；瘘管主体1两端面边缘朝向远离其轴心方向延展形成固定贴片10；瘘管主体1内部平行于其轴线设置有圆形、贯通的第一检测孔11；旋塞2，为圆柱体，设置于第一检测孔11内并与第一检测孔11通过螺纹配合；旋塞2内部平行于其轴线设置有圆形、贯通的第二检测孔21；取样塞3，为圆柱体，设置于第二检测孔21内并与第二检测孔21过盈配合。

固定贴片10的作用是对于瘘管主体1进行固定；固定贴片10的形状并不

加以限定，较佳的可以选用圆形，能够在多种场景下起到较好的效果；固定贴片 10 可以为平面形状，为了提高密封效果和固定效果，也可以为弧面球形，球心位于以固定贴片 10 为视角靠近瘘管主体 1 的一侧，及 2 组固定贴片 10 的边缘均朝向瘘管主体 1 中部逐渐翻起，这样在固定时，一方面固定贴片 10 的形变可以辅助瘘管主体 1 的固定，另一方面这种弧形结构可以提高密封性，防止牛胃与外部环境不必要的连通。

在实际使用时，通过手术在牛身体表面开设与瘤胃连通的通孔，将本实施例的牛胃瘘管设置于通孔处；位于瘘管主体 1 下部的固定贴片 10 贴合至牛瘤胃内壁，位于瘘管主体 1 上部的固定贴片贴合至牛身体表面，瘘管主体 1 设置有贯通的第一检测孔 11，从而形成了连通牛瘤胃内部与外部环境的瘘管通道。在第一检测孔 11 中通过螺纹可拆卸地设置有旋塞 2，在旋塞 2 上进一步设置有贯通的第二检测孔 21，第二检测孔 21 内设置有取样塞 3，取样塞 3 直径略大于第二检测孔 21 内径，与第二检测孔 21 过盈配合。

可见，基于上述嵌套关系，第一检测孔 11 的孔径大于第二检测孔 21 的孔径，当需要提取瘤胃液样本时，可以取下取样塞 3，仅将注射器等提取器具的取样端通过第二检测孔 21 深入瘤胃中进行取样，而不需要取下旋塞 2；当需要提取固体样本时，则可以取下旋塞 2，进行取样等。同时，体内给药等操作也可以通过第二检测孔 21 进行，这样一来可以减少旋塞 2 的开闭次数，防止因频繁活动发生老化或磨损而脱落，由于取样塞 3 体积较小，因此，其在长期使用中的相对形变量也较小，不易发生脱落问题，即使发生脱落，由于第二检测孔 21 的孔径较小，也不会对牛瘤胃内部产生严重影响，只要在发现后替换新的取样塞 3 即可。

从上面可以看出，本实施例提供的一种牛胃瘘管通过设置相互嵌套的旋塞和取样塞，可以根据需要选择不同方式开闭瘘管，由于取样塞直径较小，在频繁操作时不会对牛胃内部环境造成影响，且不易发生脱落问题；即使脱落，也不会产生严重后果，对于科研结果的精确度和牛只身体健康起到的积极的效果。

在一些可选的实施例中，第一检测孔 11 底部边缘设置有朝向第一检测孔 11 中部凸出的第一限位沿 13。当旋塞 2 设置于第一检测孔 11 中时，第一限位沿 13 可以起到限位作用，保证旋塞 2 不至过于深入；另一方面，第一限位沿 13 还可以起到辅助密封的效果。

可选的，第二检测孔 21 底部边缘设置有朝向第二检测孔 21 中部凸出的第二限位沿 23。同理，第二限位沿 23 一方面可以防止取样塞 3 过于深入，另一方面还可以保证取样塞3底部良好密封。

在一些可选的实施例中，旋塞2上表面设置有用于辅助抓握的抓握部20。

由于旋塞2本身在开闭时采用螺纹方式，因此需要进行旋转；为了便于操作，在旋塞2上表面设置用于辅助抓握的抓握部20。

抓握部20的设置方式多样；可选的，旋塞2上表面的至少一处朝向远离此面的方向凸起，形成抓握部20；可选的，旋塞2上表面设置有至少一处朝向旋塞2内部的凹陷，形成抓握部20。可见，抓握部的形式并不加以限定，只要能够使得手指等可以借助抓握部，对于旋塞的旋转进行施力即可。

在一些可选的实施例中，取样塞30上表面设置有环状的拉环30。拉环30可以直接用于拉取取样塞30，便于开启，也可以用于连接绳索、标签等，方便使用。

本技术申请了国家专利保护，申请号为：2017 2 0216436 3

3　猪信息感知与精准饲喂相关专利技术

3.1　一种防结拱定量下料装置

3.1.1　技术领域

本研究涉及畜牧养殖技术领域，特别是指一种防结拱定量下料装置。

3.1.2　背景技术

哺乳期母猪需要调整饲料投喂量，以满足其营养需求。现在除了采用人工定时添加饲料的方式之外，还出现了使用自动下料装置的饲喂方式，可以保证每次下料量基本相同，能够满足精饲需求。但是，现有技术中的下料装置通常无法有效防止料仓内饲料结拱，对于颗粒饲料而言，饲料颗粒之间较为疏松而容易流动，不易结拱；但是对于粉状饲料而言，若环境较为潮湿或者静止时间较长，在下料时则部分饲料容易在出料口上方形成郁结的拱形结构，阻碍上方饲料进一步落下，从而导致下料不畅甚至无法下料，只能通过人工清理解决。

因此，希望提出一种可以有效防止结拱的定量下料装置，以满足哺乳母猪的饲养需求。

3.1.3　解决方案

有鉴于此，本研究的目的在于提出一种防结拱定量下料装置。

基于上述目的本研究提供的一种防结拱定量下料装置，包括储料仓、定量仓和密封机构；储料仓底端与定量仓顶端连通；密封机构的伸缩部顶端固定于储料仓顶部，密封机构底端固定有下密封结构，下密封结构上方固定有上密封结构，上密封结构位于定量仓上方，下密封结构位于定量仓下方；伸缩部上移时，储料仓内的饲料由定量仓的上开口流入定量仓，且饲料在下密封结构的阻挡下存储于定量仓内；伸缩部下移时，定量仓的上开口被上密封结构密封，定量仓内的饲料由其下部的出料口流出。

进一步，伸缩部还包括连接杆；伸缩部固定于储料仓顶部内侧，伸缩部下端通过连接杆连接至上密封结构和下密封结构，带动上密封结构和下密封结构上下运动。

进一步，伸缩部为电动推杆、液压推杆、气动推杆中的任意一种。

进一步，上密封结构下半部略大于并完全覆盖上开口，下密封结构上半部略大于并完全覆盖出料口。

进一步，上开口和出料口均为圆形，上密封结构下半部为直径略大于上开口直径的半球体，下密封结构上半部为直径略大于出料口的半球体。

进一步，在定量仓下方设置有集料斗，集料斗上半部呈漏斗状，下半部为中空直筒。

进一步，密封机构外部设置有辅助罩；辅助罩成筒状且中空，套装在密封机构上，并通过固定件与密封机构固定的部分连接。

较佳的，还包括料槽，料槽设置于定量仓下方；料槽内设置有触动开关，当触动开关被触动时，启动伸缩部进行伸缩，完成下料过程。

从上面可以看出，本研究提供的一种防结拱下料装置通过在储料仓内设置上下移动的密封结构，以及在储料仓下设置定量仓，实现了定量下料，并能够有效避免饲料结拱，具备较高的实用性。

3.1.4 附图说明

为使本研究的目的、技术方案和优点更加清楚明白，以下结合具体实施例，并参照附图，对本研究进一步详细说明。

图 3-1-1 为本研究提供的一种防结拱定量下料装置的实施例的主视透视图；图 3-1-2 为本研究提供的一种防结拱定量下料装置的实施例在第一工作状态时的示意图；图 3-1-3 为本研究提供的一种防结拱定量下料装置的实施例在第二工作状态时的示意图；图 3-1-4 为本研究提供的一种防结拱定量下料装置的实施例在第三工作状态时的示意图。

如图所示，本实施例中的一种防结拱定量下料装置，包括储料仓 1、定量仓 2 和密封机构 3；储料仓 1 底端与定量仓 2 顶端连通；密封机构 3 的伸缩部 31 顶端固定于储料仓 1 顶部，密封机构 3 底端固定有下密封结构 34，下密封结构 34 上方固定有上密封结构 33，上密封结构 33 位于定量仓 2 上方，下密封结构 34 位于定量仓下方。

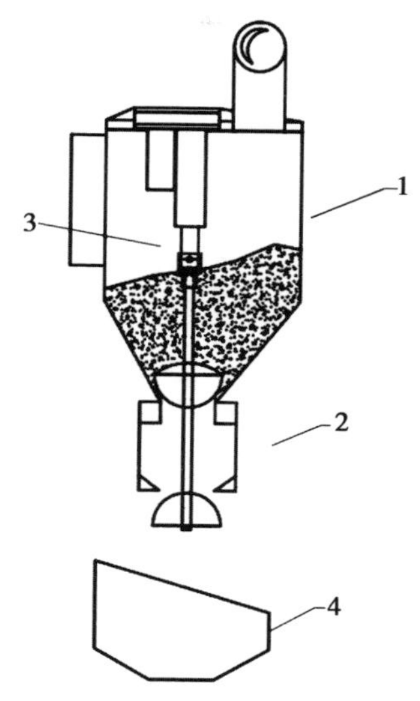

图 3-1-1　一种防结拱定量下料装置的主视透视图

1-储料仓；2-定量仓；3-密封机构；4-料槽

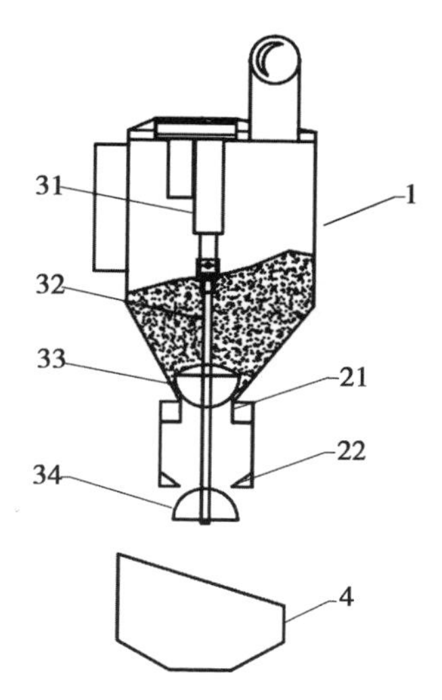

图 3-1-2　一种防结拱定量下料装置在第一工作状态时的示意图

1-储料仓；4-料槽；21-上开口；22-出料口；31-伸缩部；32-连接杆；33-上密封结构；34-下密封结构

伸缩部 31 上移时，储料仓 1 内的饲料由定量仓 2 的上开口 21 流入定量仓

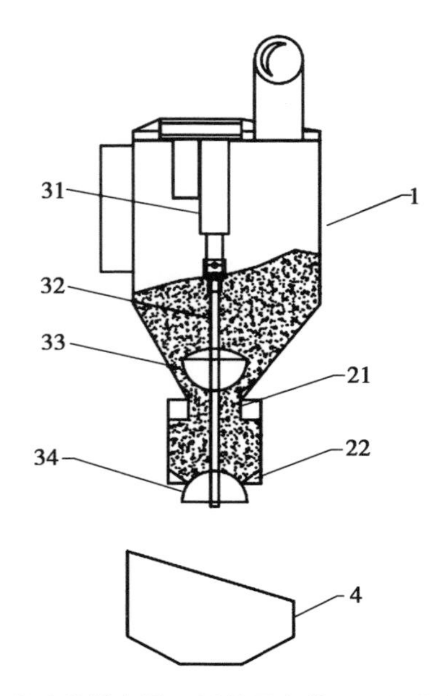

图 3-1-3　一种防结拱定量下料装置在第二工作状态时的示意图

1-储料仓；4-料槽；21-上开口；22-出料口；31-伸缩部；32-连接杆；33-上密封结构；34-下密封结构

2，且饲料在下密封结构 34 的阻挡下存储于定量仓 2 内；伸缩部 31 下移时，定量仓 2 的上开口 21 被上密封结构 33 密封，定量仓 2 内的饲料由其下部的出料口 22 流出。从而完成一次定量下料过程。在这一过程中，由于上密封部 33 在储料仓 1 内进行上下运动，因此，可能发生结拱的饲料会被其碰撞击碎，从而，有效避免了料拱累计，防止结拱。

在一可选的实施例中，伸缩部 31 还包括连接杆 32；伸缩部 31 固定于储料仓 1 顶部内侧，伸缩部 31 下端通过连接杆 32 连接至上密封结构 33 和下密封结构 34，带动上密封结构 33 和下密封结构 34 上下运动。

可选的，伸缩部 31 为电动推杆、液压推杆、气动推杆中的任意一种。及只要能够完成推送上密封结构 33 和下密封结构 34 上下运动即可。

在一较佳的实施例中，上密封结构 33 下半部略大于并完全覆盖上开口 21，下密封结构 34 上半部略大于并完全覆盖出料口 22。这样可以保证在接触时，上密封结构 33 和下密封结构 34 分别将上开口 21 和下开口 22 紧密密封。为了保证密封性，还可以在上密封结构 33 上方和下密封结构 34 下方增设缓冲

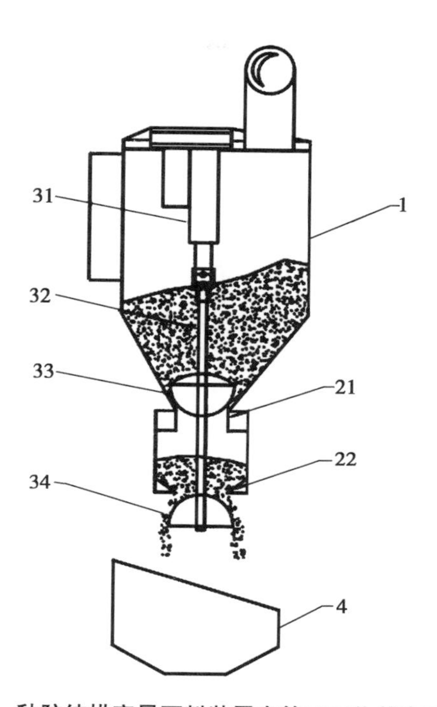

图 3-1-4 一种防结拱定量下料装置在第三工作状态时的示意图

1-储料仓；4-料槽；21-上开口；22-出料口；31-伸缩部；32-连接杆；33-上密封结构；34-下密封结构

机构，使两者在密封时，缓冲机构进入压缩状态，可以有效避免机械误差导致的缝隙。

在另一实施例中，上开口 21 和出料口 22 均为圆形，上密封结构 33 下半部为直径略大于上开口 21 直径的半球体，下密封结构 34 上半部为直径略大于出料口 22 的半球体。圆形可以保证更好的密封性。较佳的，上密封结构 34 上半部也可以设置为弧面、球体、锥体等倾斜结构，可以避免饲料在上密封结构 34 上半部堆积。

图 3-1-5 为本研究提供的一种防结拱定量下料装置的另一实施例的示意图。如图所示，在本实施例中，定量仓 2 下方设置有集料斗 5，集料斗 5 上半部呈漏斗状，下半部为中空直筒。由于食料在下落后可能会飞散（尤其是针对下密封结构 34 上半部为球形的实施例），因此，额外设置集料斗 5，将食料收集后竖直落下，防止其溅落到料槽外部。

图 3-1-6 为本研究提供的一种防结拱定量下料装置的又一实施例的示意

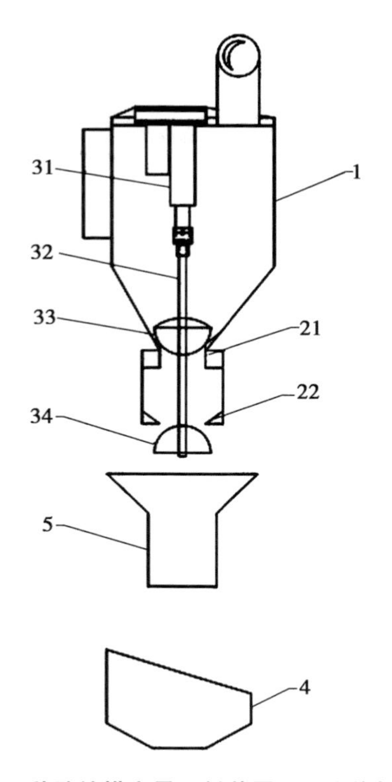

图 3-1-5　一种防结拱定量下料装置另一实施例的示意图

1-储料仓；4-料槽；5-集料斗；21-上开口；22-出料口；31-伸缩部；32-连接杆；33-上密封结构；34-下密封结构

图。如图所示，在本实施例中，密封机构 3 外部设置有辅助罩 6；辅助罩 6 成筒状且中空，套装在密封机构 3 上，并通过固定件与密封机构 3 固定的部分连接。辅助罩 6 的功能是，在容易形成拱的部位施加一个阻碍物，从而破坏拱的结构，使其不易形成。

较佳的，在另一实施例中还包括料槽 4，料槽 4 设置于定量仓 2 下方；料槽 4 内设置有触动开关，当触动开关被触动时，启动伸缩部 31 进行伸缩，完成下料过程。

从上面可以看出，本研究提供的一种防结拱下料装置通过在储料仓内设置上下移动的密封结构，以及在储料仓下设置定量仓，实现了定量下料，并能够有效避免饲料结拱，具备较高的实用性。

本技术申请了国家专利保护，获得的专利授权号为：ZL 2016 2 0071975. 8

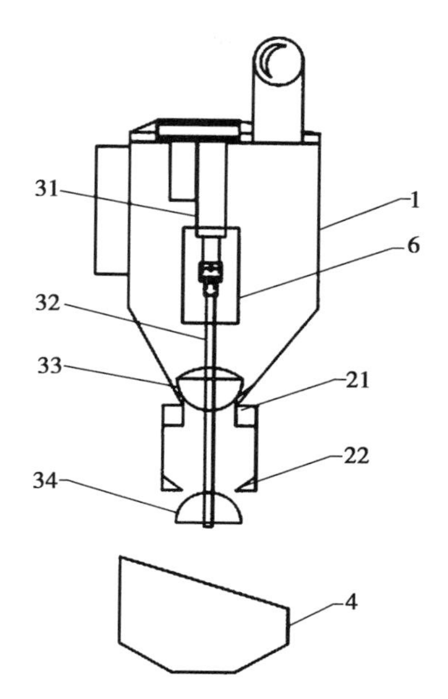

图 3-1-6　一种防结拱定量下料装置又一实施例的示意图

1-储料仓；4-料槽；6-辅助罩；21-上开口；22-出料口；31-伸缩部；32-连接杆；33-上密封结构；34-下密封结构

3.2　一种防结拱饲喂装置

3.2.1　技术领域

本研究涉及动物饲喂技术领域，特别是指一种防结拱饲喂装置。

3.2.2　背景技术

在使用料仓进行动物饲喂的场合，由于块状或者粉状饲料的物理性质，容易在料仓内发生结拱的问题，产生拱状饲料壳体，不但影响后续下料的顺利进行，还会浪费一定量饲料，也给料仓的清理带来了很大困难。现有技术中并没有一种可以有效防止结拱的料仓结构，通常只能依靠人工开启料仓，使用外力对料拱进行破除，费时费力，尤其对于大规模养殖场所而言实施起来更加困难。因此，提出一种能够有效防止料仓结拱的饲喂装置，可以提高饲料的使用效率，降低饲喂场所的维护成本。

3.2.3 研究内容

有鉴于此，本研究的目的在于提出一种防结拱饲喂装置，用以实现避免料仓结拱，降低维护成本和劳动时间。

基于上述目的本研究提供的一种防结拱饲喂装置，包括：

饲喂器，饲喂器上部设置有圆筒形的料仓，料仓底部设置有半径略小于料仓的漏板，漏板底部设置有用于驱动漏板转动的驱动电机；漏板上均匀设置有2个或2个以上漏孔；漏板上表面固定有碎料块；饲喂器下部设置有料槽，饲喂器中部与漏孔对应位置设置有出料孔，出料孔将漏孔与料槽相连接。

挡板，有两块，分别设置于饲喂器料槽开口一面的两侧，与饲喂器共同包围形成一面开口的长方形进食区。

可选的，碎料块为三棱锥形状，底面固定于漏板上表面，一个侧面呈弧形与料仓侧壁贴合，另外两个侧面倾斜，与漏板所成角度的取值范围是。

可选的，碎料块不与料仓侧壁相贴合的另外两个侧面，与漏板所成角度为60°。

可选的，装置还包括：重量称，设置于饲喂器内、料仓下方；料仓为与饲喂器的主体分离的圆筒，料仓底部与驱动电机相互固定，驱动电机设置于重量称上；

报警器，设置于防结拱饲喂装置外部，当重量称的读数低于预设的重量阈值时，报警器接通进行报警。

可选的，装置还包括：

身份识别器，用于识别身份标签，获取身份信息，根据身份信息确定下料重量。

可选的，料仓上开口转动设置有仓盖，仓盖与料仓上开口形状配合；仓盖上表面设置有把手。

从上面可以看出，本研究提供的一种防结拱饲喂装置，通过在料仓内设置可转动的漏板，并在漏板上设置漏孔和碎料块，实现了精确饲喂、防止结拱、辅助碎料等功能，在无人控制的自动化饲喂系统中作为饲喂终端进行使用，可以有效降低维护清理成本，提高饲喂精确度，满足动物福利，实现高精度、自动化的饲喂过程。

3.2.4 具体实施方式

为使本研究的目的、技术方案和优点更加清楚明白，以下结合具体实施例，并参照附图，对本研究进一步详细说明。

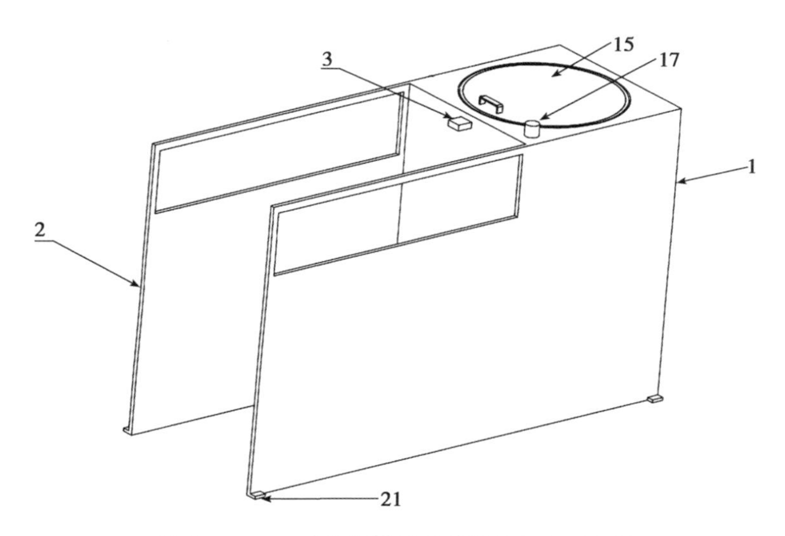

图 3-2-1 一种防结拱饲喂装置的立体示意图

1-饲喂器；2-挡板；3-身份识别器；15-仓盖；17-报警器；21-支撑脚

图 3-2-1 为本研究提供的一种防结拱饲喂装置的实施例的立体示意图；图 3-2-2 为本研究提供的一种防结拱饲喂装置的实施例的主视透视图；图 3-2-3 为本研究提供的一种防结拱饲喂装置的实施例的俯视透视图。如图所示，防结拱饲喂装置包括：

饲喂器 1，饲喂器 1 上部设置有圆筒形的料仓 11，料仓 11 底部设置有半径略小于料仓 11 的漏板 121，漏板 121 底部设置有用于驱动漏板 121 转动的驱动电机 16；漏板 121 上均匀设置有 2 个或 2 个以上漏孔 1211；漏板 121 上表面固定有碎料块 122；饲喂器 1 下部设置有料槽 14，饲喂器 1 中部与漏孔 1211 对应位置设置有出料孔 13，出料孔 13 将漏孔 1211 与料槽 14 相连接。

挡板 2，有两块，分别设置于饲喂器 1 料槽 14 开口一面的两侧，与饲喂器 1 共同包围形成一面开口的长方形进食区。

在一些可选的实施方式中，料仓 11 上开口转动设置有仓盖 15，仓盖 15 与料仓 11 上开口形状配合；仓盖 15 上表面设置有把手 151。

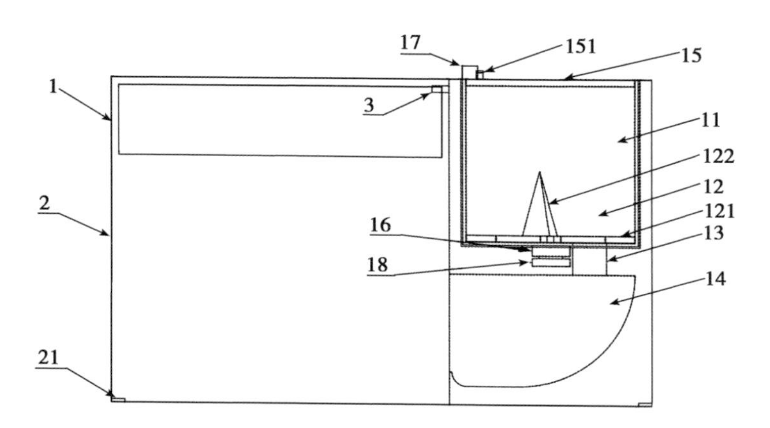

图 3-2-2　一种防结拱饲喂装置的主视透视图

1-饲喂器；2-挡板；3-身份识别器；11-料仓；12-漏孔间隔；13-出料孔；14-料槽；15-仓盖；16-驱动电机；17-报警器；18-重量称；121-漏板；122-碎料块；151-把手

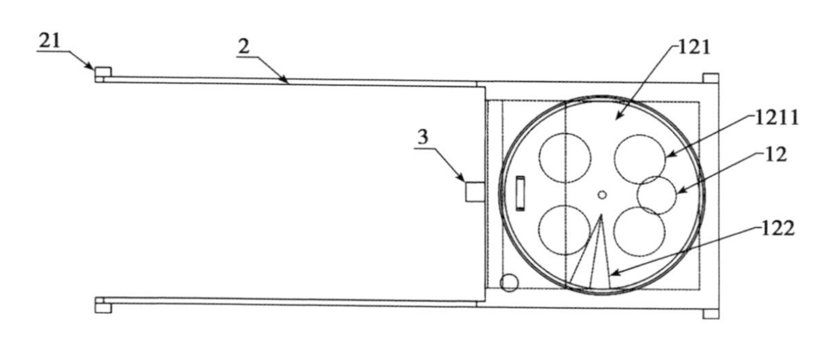

图 3-2-3　一种防结拱饲喂装置的俯视透视图

2-挡板；3-身份识别器；12-漏孔间隔；21-支撑脚；121-漏板；122-碎料块；1211-漏孔

漏板 121 在相对于料仓 11 转动的过程中，每当漏板 121 上的漏孔 1211 与料仓 11 中部的出料孔 13 重合的时候，料仓 11 中的饲料会由出料孔 13 流入下方料槽 14 内。由于当漏板 121 以一定速度转动时，每次漏孔 1211 与出料孔 13 错位流下的饲料的量是基本相同的，因此可以通过驱动电机 16 控制漏板 121 转动的周数来控制每次流下饲料的重量，达到定量饲喂的效果。需要说明的是，相邻两漏孔 1211 之间的空间应当能够大致覆盖出料孔 13，以便通过控制漏板 121 转动的角度，实现出料孔 13 的密封而停止下料。

在漏板 121 相对于料仓 11 转动的过程中，碎料块 122 会在最可能结拱的位置做圆周运动，即使因为饲喂间隔较长等原因出现了轻微结拱，也会在碎料块 122 转动的过程中被完全击碎，并伴随漏板 121 的转动，被击碎得到的大块饲料不断和其余细碎的饲料翻滚摩擦，最终还原为饲料颗粒或粉末，从而提高了饲料的利用率，解决了结块饲料不易使用、易造成浪费的问题。

从上面可以看出，本实施例提供的一种防结拱饲喂装置，通过在料仓内设置可转动的漏板，并在漏板上设置漏孔和碎料块，实现了精确饲喂、防止结拱、辅助碎料等功能，在无人控制的自动化饲喂系统中作为饲喂终端进行使用，可以有效降低维护清理成本，提高饲喂精确度，满足动物福利，实现高精度、自动化的饲喂过程。

继续参考图 3-2-2 和图 3-2-3 所示，在一些可选的实施例中，碎料块 122 为三棱锥形状，底面固定于漏板 121 上表面，一个侧面呈弧形与料仓 11 侧壁贴合，另外两个侧面倾斜，另外两个侧面与漏板 121 所成角度的取值范围是［45°，75°］。

无论碎料块 122 的是什么形状，只要能够有效地转动，都能够达到击碎料拱的效果。但是，如果碎料块上存在水平面或垂直面，则在水平面上，或者在垂直面与漏板 121 之间的直角区域内，有可能发生存料的现象，使得饲料不能充分投放，引起浪费，并且贮存的饲料还需要人工进行清理以避免变质影响饲料质量，造成多余的劳动成本。

因此，本实施例优选将碎料块 122 设置为三棱锥型，或者说大致为三棱锥型，其一个侧面与漏板 121 相垂直，并略呈弧形，从而完全贴合料仓 11 的侧面设置，配合间隙不大于 2mm；另外两个侧面对称，且另外两个侧面中的任意一个与漏板 121 之间所成角度的取值范围在［45°，75°］。若另外两个侧面与漏板所成角度小于 45°，受到料仓 11 尺寸的限制，碎料块 122 的高度必然较低，很可能无法接触到料拱从而无法实现碎料功能；若另外两个侧面与漏板 121 所成角度大于 75°，则角度过大接近直角，容易出现前面所说的存料问题。因此，设置一个取值范围内的适当的角度后，在漏板 121 转动的过程中，会带动料仓 11 内的饲料进行循环运动，而碎料块 122 运动方向一侧，也就是转动时最先与饲料接触的一侧面，与漏板 121 之间也可能出现少量存料，但是在其他饲料的推动下，由于该侧面的角度不大，这部分的饲料是在不断循环更替的，因此，不会存在饲料变质的问题，在下次装料时无需进行清理，只要添加新的饲料即可，非常方便。

在一些可选的实施例中，碎料块 122 不与料仓 11 侧壁相贴合的另外两个侧面，与漏板 121 所成角度为 60°。经过试验，碎料块 122 侧面呈 60°时取得的碎料效果最好。

在一些可选的实施例中，防结拱饲喂装置还包括：

重量称 18，设置于饲喂器 1 内、料仓 11 下方；料仓 11 为与饲喂器 1 的主体分离的圆筒，料仓 11 底部与驱动电机 16 相互固定，驱动电机 16 设置于重量称 18 上。

报警器 17，设置于防结拱饲喂装置外部，当重量称 18 的读数低于预设的重量阈值时，报警器 17 接通进行报警。

本实施例进一步提供了低饲料量自动报警功能。根据重量称 16 的设置方式，可见料仓 11、驱动电机 16 以及漏板 121 均被重量称 16 称重。因此，在进行称重时，应当以料仓 11 空置作为零点，以便于统计饲料重量。应当将重量阈值设置为一个非零的较小值，如 500g、1kg 等，因为存在少量存料现象，如果设置为特小值（如 10g）则无法达到低饲料报警效果。

在一些可选的实施方式中，防结拱饲喂装置还包括：身份识别器 3，用于识别身份标签，获取身份信息，根据身份信息确定下料重量。在前面的实施例中已经说明，可以根据漏板 121 转动的速度和具体角度（周数）等数据，较为精确地确定下料重量。因此，配合身份识别器 3 和其他通信模块、处理模块等，可以做到识别牲畜身份标识（如 RFID 耳标等），向服务器查询该牲畜的进食情况，并根据具体情况确定此次的饲料投放量，达到精确饲喂、个性化饲喂的效果。

本技术申请了国家专利保护，专利申请号为：2016 2 1244877 6

3.3 一种防锈蚀支脚

3.3.1 技术领域

本研究涉及畜牧养殖设备技术领域，特别是指一种防锈蚀支脚。

3.3.2 背景技术

在畜牧养殖场所，保持笼舍干燥是非常必要的，干燥的环境不利于细菌真菌等微生物增殖，可以有效防止动物皮肤疾病和疫病的发生，不但有利于保证动物福利，还能够提高畜牧产品的品质。最为常用的防潮办法是将笼舍支起，使之与地面间隔一定距离，防止积水和便溺等堆积，还便于卫生清洁。

现有的畜牧笼舍通常采用一体化支脚，且绝大多数为铁质支脚，容易受到环境中水汽或积水侵蚀而发生锈蚀，一方面降低了笼舍的使用强度、缩短了使用年限，另一方面支脚表面锈蚀难以清洁，易滋生微生物，影响卫生状况，在视觉上也给人以脏乱的表现。如果为了保证使用强度而加粗支脚，则会使用更多材料，存在成本过高的问题。

3.3.3 解决方案

有鉴于此，本研究的目的在于提出一种防锈蚀支脚，可以有效防止常规铁质支脚的锈蚀，提高使用寿命和视觉感官，同时具备较低的成本。

基于上述目的本研究提供的一种防锈蚀支脚，包括：

连接板，水平设置；连接板上竖直设置有至少 2 个固定孔，固定孔贯通连接板；通过在固定孔内设置螺钉，可以将连接板与待支承设备相连接；

承压支柱，竖直设置于连接板上，与连接板一体成型或焊接连接；

外套管，中空并套装于承压支柱外，高于承压支柱；外套管与承压支柱之间的空隙内，填充有抗压能力良好的填充物。

可选的，连接板下表面设置有朝向连接板上表面凹陷的固定槽，固定槽的尺寸与外套管的外部尺寸相配合；外套管上端插接于固定槽内。

可选的，承压支柱为柱体。

可选的，承压支柱表面设置有外凸的纹理。

可选的，承压支柱主体为柱体，承压支柱的主体在竖直方向每隔一定距离朝向垂直于其母线的外部凸出，形成片状的连接部；连接部与外套管之间留有空隙。

可选的，连接板与承压支柱使用铁或钢材料制成，外套管使用高分子材料制成。

从上面可以看出，本研究提供的防锈蚀支脚通过分层式设计，使用不会发生锈蚀的外套筒将易发生锈蚀的铁芯承压支柱包围在内部，并且通过填充物提高支脚整体的抗压能力，不但具备良好的抗压能力，还不会发生锈蚀，具有高于常规铁质支脚的使用年限，且能够保持清洁。

3.3.4 附图说明

为使本研究的目的、技术方案和优点更加清楚明白，以下结合具体实施例，并参照附图，对本研究进一步详细说明。

图 3-3-1 为本研究提供的一种防锈蚀支脚的实施例的立体示意图；图

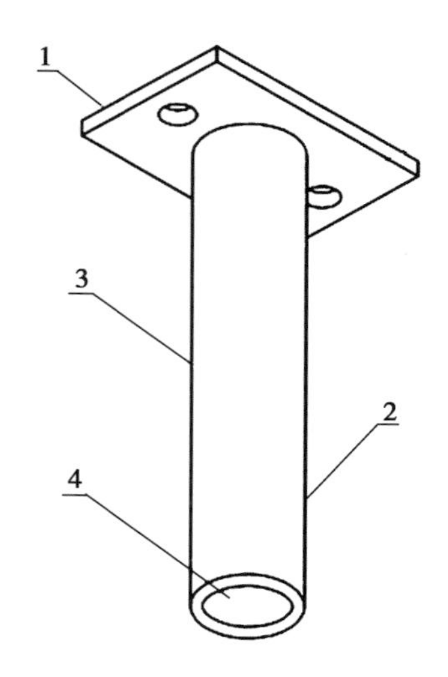

图 3-3-1　一种防锈蚀支脚的立体示意图

1-连接板；2-承压支柱；3-外套管；4-填充物

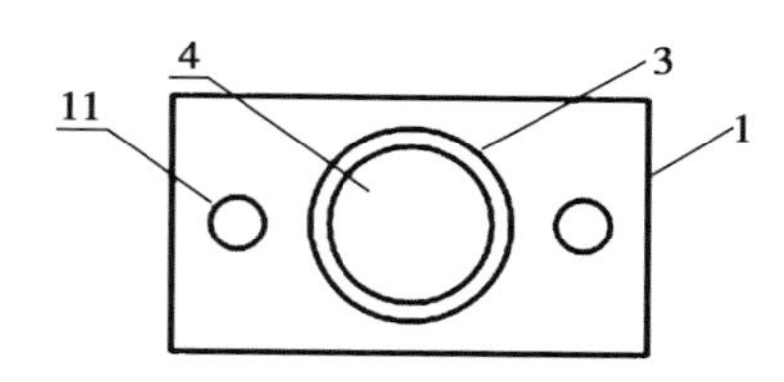

图 3-3-2　一种防锈蚀支脚的俯视图

1-连接板；3-外套管；4-填充物；11-固定孔

3-3-2为本研究提供的一种防锈蚀支脚的实施例的俯视图；图 3-3-3 为本研究提供的一种防锈蚀支脚的实施例的主视剖面图。如图所示，本实施例提供的一种防锈蚀支脚，包括：

连接板 1，水平设置；连接板 1 上竖直设置有至少 2 个固定孔 11，固定孔 11 贯通连接板 1；通过在固定孔 11 内设置螺钉，可以将连接板 1 与待支承设备相固定。

承压支柱 2，竖直设置于连接板 1 上，与连接板 1 一体成型或焊接连接。为了提高承压支柱 2 与连接板 1 之间的连接牢固度，可以将承压支柱 2 与连接板 1 的连接处略微加粗，以提高承压支柱 2 与连接板 1 之间的接触面积。

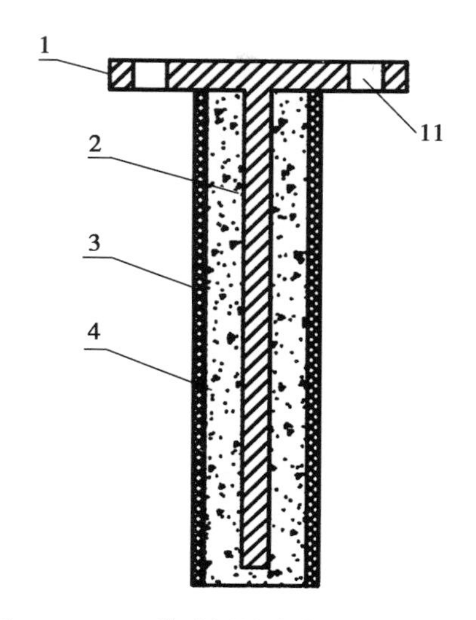

图 3-3-3 一种防锈蚀支脚的主视剖面图

1-连接板；2-承压支柱；3-外套管；4-填充物；11-固定孔

外套管 3，中空并套装于承压支柱 2 外，高于承压支柱 2；外套管 3 与承压支柱 2 之间的空隙内，填充有抗压能力良好的填充物 4。特别需要指出的，外套管 3 采用不会发生锈蚀的材料制成，如高分子材料等。

本实施例提供的防锈蚀支脚在使用时，通过螺钉通过固定孔将连接板固定于笼舍，这样在笼舍的四角均设置完毕后，将笼体安放在地面上即可，对于老旧笼体的改造时非常方便。而笼体的压力会直接作用于套筒，以及套筒中的填充物；套筒优选采用高分子材料制作，具备一定的伸缩能力，因此，笼体的压力主要作用于填充物，这些压力一方面仍然作为竖直压力，由填充物以及其中的承压支柱承受，另一方面转化为朝向水平四周的应力，使填充物有向外碎裂分散的趋势，这一部分力由高分子材料承受，从而降低了填充物所受的压力。由于有填充物保护，与空气和水汽隔绝，因此，承压支柱不会发生锈蚀，可以保持良好的强度；而外部的外套管不会锈蚀，在外观上也能够一直保持清洁。

可选的，连接板 1 与承压支柱 2 使用铁或钢材料制成，外套管 3 使用高分子材料制成。

从上面可以看出，本实施例提供的防锈蚀支脚通过分层式设计，使用不会发生锈蚀的外套筒将易发生锈蚀的铁芯承压支柱包围在内部，并且，通过填充物提高支脚整体的抗压能力，不但具备良好的抗压能力，还不会发生锈蚀，具有高于常规铁质支脚的使用年限，且能够保持清洁。

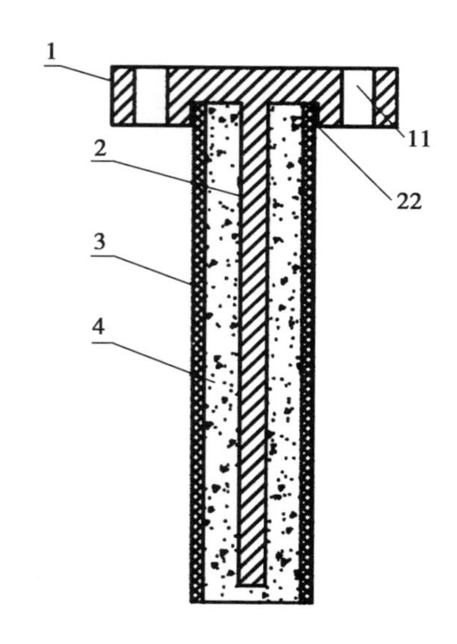

图 3-3-4　一种防锈蚀支脚另一实施例的主视剖面图

1-连接板；2-承压支柱；3-外套管；4-填充物；11-固定孔；22-固定槽

图 3-3-4 为本研究提供的一种防锈蚀支脚的另一实施例的主视剖面图。如图所示，在另一可选的实施例中，连接板 1 下表面设置有朝向连接板 1 上表面凹陷的固定槽 22，固定槽 22 的尺寸与外套管 3 的外部尺寸相配合；外套管 3 上端插接与固定槽 22 内。为了保证承压支柱 2 位于外套管 3 的中心、避免填充物 4 从外套管 3 底部溢出，同时防止老化后外套管 3 底部绽裂，在连接板 1 上设置了固定槽 22，起到紧固、定位的作用。当然，图 3-3-4 所示仅为本实施例的一种可选的形式，即通过加厚连接板保证其强度的同时，设置凹陷的固定槽 22；其他相似的设计，如在连接板上设置外凸的套筒式结构，以起到相同的效果，也可以作为本实施例的可选实施方案。

可选的，承压支柱 2 为柱体。较佳的，承压支柱 2 表面设置有外凸的纹理。

图 3-3-5 为本研究提供的一种防锈蚀支脚的又一实施例的主视剖面图。如图所示，在又一可选的实施例中，承压支柱 2 主体为柱体，承压支柱 2 的主体在竖直方向每隔一定距离朝向垂直于其母线的外部凸出，形成片状的连接部 21；连接部 21 与外套管 3 之间留有空隙。连接部 21 可以提高承压支柱 2 与填

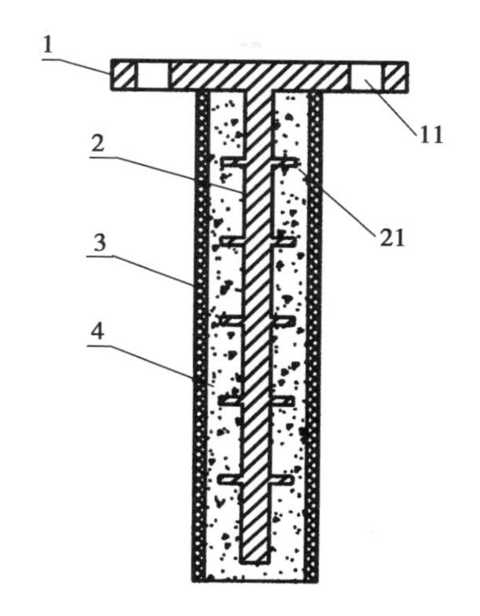

图 3-3-5　一种防锈蚀支脚又一实施例的主视剖面图

1-连接板；2-承压支柱；3-外套管；4-填充物；11-固定孔；21-固定槽

充物 4 的结合紧密度，从而提高防锈蚀支脚的整体强度。

本技术申请了国家专利保护，专利申请号为：2016 2 1401001 8

3.4　一种猪场粪便自动清理装置

3.4.1　技术领域

本研究涉及畜牧养殖设备技术领域，特别是指一种猪场自动化清粪装置。

3.4.2　背景技术

规模化猪场饲养的种猪或商品猪的密度大、集中度高，每天产生的粪便多，如何及时收集与处理一直是规模化养殖场面临及必需处理的问题。如果粪便不及时处理，会造成养殖生产过程受阻，厂区内环境恶劣，严重时造成对周边环境的污染，会受到有关环保部门的处罚。为此，在规模化猪场出现了不同的机械式的粪便清理装置，但出现的问题是清理装置的机构复杂，机械主要部件容易损坏，损坏后维护不方便，达不到自动清理的要求。因此，本研究提出了一套结构简单耐用的自动粪便清理装置，主要满足规模化养殖场清理粪便的需求。

3.4.3 解决方案

有鉴于此，本研究的目的在于提出一种猪场粪便自动清理装置。

基于上述目的本研究提供的一种猪场粪便自动清理装置，设置于漏粪地板下方，包括收集槽和收集体。收集槽底面中部凹陷并设置有开口，下方设置有尿液管。尿液管上方沿其轴向设置有开口，收集槽和尿液管通过各自的开口连通。收集体设置于收集槽内并与收集槽形状配合。收集体垂直收集槽长度的两侧面均为斜面收集体连接至外部牵引索。牵引索用于牵引收集体沿收集槽移动。

收集体底面中部还设置有清理体，该清理体与尿液管形状配合，通过一能够伸入收集槽底面开口的连接部连接至收集体。收集体设置于收集槽内，清理体设置于尿液管内。

牵引索的两端分别连接至牵引电机。

收集槽和收集体有至少两组，全部收集体共用一根环状的牵引索，牵引索通过至少一台牵引电机并通过牵引电机驱动；牵引索转角处设置滑轮辅助连接。

收集体底部设置有导轮。

从上面可以看出，本研究提供的一种猪场自动化清粪装置，通过设置收集槽和收集体，可以自动收集猪只的粪便和尿液；装置还可以多台联动，同时收集，便于统一管理，大大提高了清理粪便的效率。

3.4.4 附图说明

为使本研究的目的、技术方案和优点更加清楚明白，以下结合具体实施例，并参照附图，对本研究进一步详细说明。

图 3-4-1 为本研究提供的一种猪场粪便自动清理装置的实施例的立体示意图；图 3-4-2 为本研究提供的一种猪场粪便自动清理装置的实施例的主视图。如图所示，本实施例中的一种猪场自动化清粪装置，设置于漏粪地板下方，包括收集槽 1 和收集体 2；收集槽 1 底面中部凹陷；收集槽 1 中部底面设置有开口，收集槽 1 中部下方设置有尿液管 11，尿液管 11 上方沿其轴向设置有开口，收集槽 1 和尿液管 11 通过各自的开口连通；收集体 2 设置于收集槽 1 内并与收集槽 1 形状配合，收集体 2 垂直收集槽 1 长度的两侧面均为斜面；收集体 2 连接至外部牵引索 3，牵引索 3 用于牵引收集体 2 沿收集槽 1 移动。

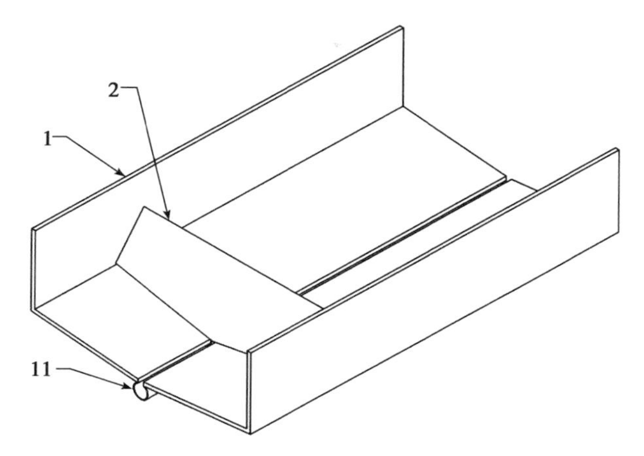

图 3-4-1 一种猪场粪便自动清理装置的立体示意图

1-收集槽；2-收集体；11-尿液管

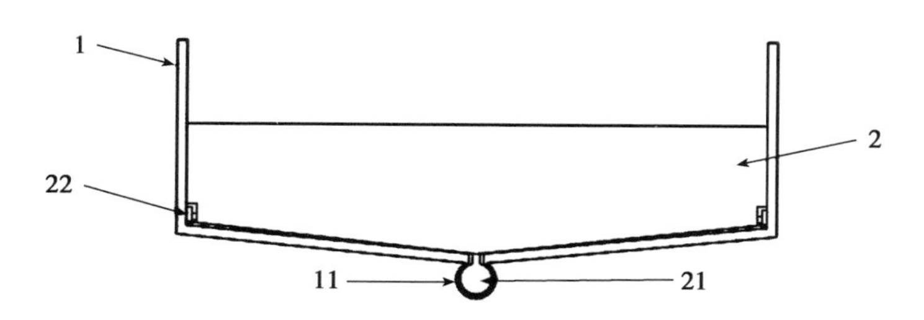

图 3-4-2 一种猪场粪便自动清理装置的主视图

1-收集槽；2-收集体；11-尿液管；21-清理体；22-导轮

形状配合的含义是，收集体 2 底面为中部向下凸出的形状，并且截面形状为与收集槽 1 底面形状配合。例如，在图 3-4-1、图 3-4-2 所示的实施例中，收集槽 1 底部为 V 形，及收集槽 1 底面由两倾斜平面拼合而成，此时收集体 2 底面也应当由两倾斜角度匹配的平面拼合而成。在其他可选的实施方式中，收集槽 1 底面可以为弧面，即其截面形状为圆弧的一部分或其他形状的弧，此时收集体 2 底面也设置为与收集槽 1 底面形状配合的弧面即可。

通常情况下，猪只的粪便和尿液由漏粪地板漏下，落在收集槽 1 内，由于收集槽 1 中部凹陷，因此尿液会汇流入中部尿液管 11 内，并沿尿液管 11 流出，尿液管 11 端部可设置收集装置进行收集；粪便则会滞留在收集槽 1 内，当牵引索 3 带动收集体 2 由收集槽 1 的一端运动至另一端时，收集体 2 会将收集槽 1 内的全部粪便推动收集，从收集槽 1 端部推出；一定时间间隔后，可以驱动牵引索 3 反向带动收集体 2 返回，反向收集，重复上述往复运动，即可将收集槽 1 内的粪便和尿液完全收集。

在一较佳的实施例中，参考图 3-4-2，收集体 2 底面中部还设置有清理体 21，清理体 21 与尿液管 11 形状配合，清理体 21 通过一能够伸入收集槽 1 底面开口的连接部连接至收集体 2；收集体 2 设置于收集槽 1 内时，清理体 21 设置于尿液管 11 内。

为了防止粪便进入尿液管 11 内导致尿液管 11 堵塞，在收集体 2 中部下方设置了清理体 21，收集体 2 置于收集槽 1 内时，清理体 21 位于尿液管 11 内，当收集体 2 运动时，清理体 21 会从尿液管 11 的一端运动至另一端，从而将尿液管 11 中的粪便完全清空，保证了尿液的顺利收集。

在一较佳的实施例中，牵引索 3 的两端分别连接至牵引电机 5；两端的牵引电机 5 一台正转一台反转，即可牵引牵引索 3 朝向某一方向运动；当两牵引电机 5 的运动方向同时改变时，即可牵引牵引索 3 朝向相反方向运动（图 3-4-3）。

图 3-4-4 为本研究提供的一种猪场粪便自动清理装置的另一实施例的俯视图。如图所示，在另一可选的实施方式中，收集槽 1 和收集体 2 有至少两组，全部收集体 2 共用一根环状的牵引索 3，牵引索 3 通过至少一台牵引电机 5 并通过牵引电机 5 驱动；牵引索 3 转角处设置滑轮 4 辅助连接。

在本实施例中，将多组收集槽 1 “串联”，将牵引索 3 设置为环状，并通过牵引电机 5 牵引其运动；当牵引索 3 运动时，会带动其上的多个收集体 2 共同运动，同时完成清理工作，较为方便。

较佳的，在一可选实施例中，收集体 2 底部设置有导轮 22。为了尽可能减小阻力，在收集体 2 底部设置导轮 22；但是需要注意的是，导轮 22 应当为嵌入式设置，即露出收集体 2 底面的部分应当尽可能小，以保证收集体 2 底面尽可能贴近收集槽 1 底面，防止空隙过大而导致粪便收集不当。

从上面可以看出，本研究提供的一种猪场自动化清粪装置，通过设置收集槽和收集体，可以自动收集猪只的粪便和尿液，与粪便接触处无复杂机械装置，结构简单耐用；装置还可以多台联动，同时收集，便于统一管理，大大提高了清理粪便的效率。

本技术申请了国家专利保护，获得的专利授权号为：ZL 2016 2 0071807 9

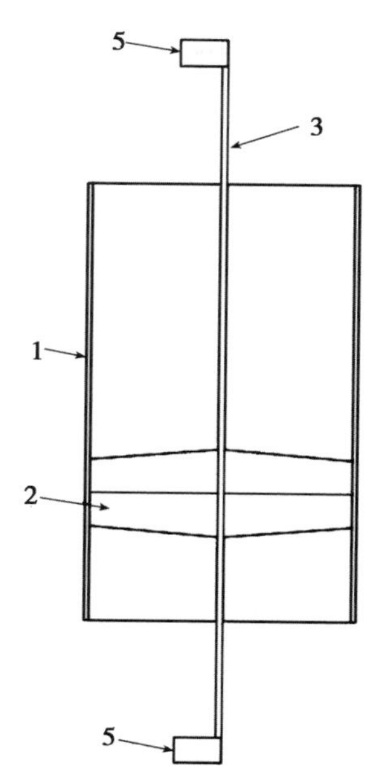

图 3-4-3　一种猪场粪便自动清理装置的俯视图

1-收集槽；2-收集体；3-牵引索；5-牵引电机

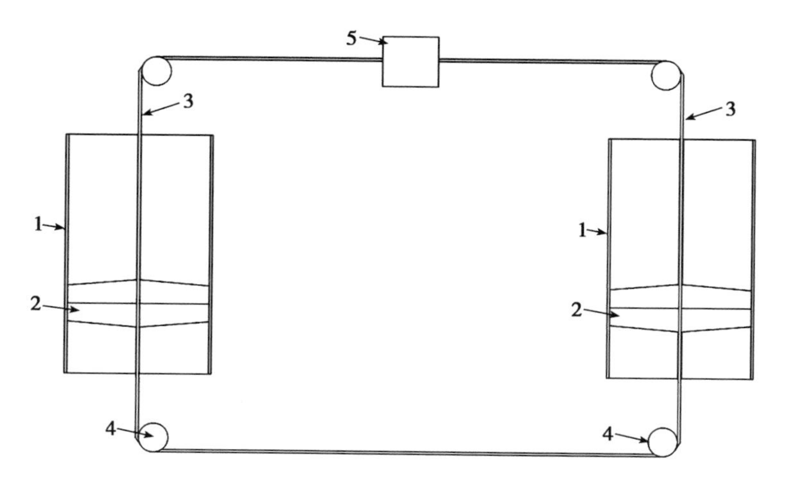

图 3-4-4　一种猪场粪便自动清理装置的另一实施例的俯视图

1-收集槽；2-收集体；3-牵引索；4-滑轮；5-牵引电机

3.5 一种发情监测装置及系统

3.5.1 技术领域

本研究涉及畜牧养殖技术领域，特别是指一种发情监测装置及系统。

3.5.2 背景技术

在饲养母猪的过程中，需要对母猪的发情行为进行监测与确定，以便及时配种或进行人工授精，缩短胎间距，提高母猪的生产力及经营者的生产效益。现有的发情监测技术中，通常采用人工观察的方法对母猪的发情周期进行监控，不但工作量大，还容易因为人为的失误从而降低监控的准确率；在一些研究与观察中，提出通过记录母猪在一定时间内，接近诱情公猪的时间与次数来判定母猪是否发情是可行的，但缺乏相应的智能装置，或者已有的识别与自动记录装置并不完善，仍然存在鉴定准确率不高的问题。

3.5.3 解决方案

有鉴于此，本研究的目的在于提出一种能够准确判定母猪是否发情的监测装置及系统。

基于上述目的本研究提供的一种发情监测装置，包括分隔仓，分隔仓为一面开口的箱体，与其开口面相对的另一面设置有观察窗；分隔仓内部设置有用于验证猪只身份的识别单元，用于监测猪只停留的滞留监测单元，以及通信单元；上述识别单元和滞留监测单元分别连接至通信单元。

进一步，猪只佩戴有耳标，耳标内预存有猪只的身份信息；识别单元用于监测耳标，与耳标取得通信，获取耳标内预存的身份信息。

进一步，滞留监测单元包括压力传感模块，压力传感模块设置于分隔仓底部；压力传感模块预存有压力阈值。

进一步，滞留监测单元包括红外监测模块，红外监测模块包括红外发送端和红外接收端；红外发送端和红外接收端设置于分隔仓设置有观察窗的一面内侧，两者关于观察窗对称。

进一步，还包括发情处理单元和喷涂单元；发情处理单元至滞留监测单元和体温监测单元，用于接收猪只身份信息、滞留时间和猪只体温；发情处理单元预存有滞留时间阈值、体温阈值和滞留次数阈值，当滞留时间超过滞留时间阈值且猪只体温超过体温阈值时，发情处理单元对该猪只的滞留次数加一；若该猪只在一定时间内的滞留次数达到滞留次数阈值，发情处理单元还用于控制喷涂单元对该猪只进行喷色标记。

进一步，喷涂单元包括储料罐和喷头；储料罐设置于分隔仓顶部内侧，储料罐下端连接有喷头。

进一步，喷涂单元还包括调压器，用于调节储料罐内喷涂颜料的压力。

本研究还提供一种包含前述装置的发情监测系统，系统还包括服务器；

服务器用于获取发情监测装置发送的报文，从报文中提取猪只身份信息、滞留时间和猪只体温，根据身份信息将猪只的滞留时间和猪只体温进行保存。

从上面可以看出，本研究提供的一种发情监测装置及系统通过监测母猪的体温，并配合压力、红外等技术监测母猪的滞留情况，可以准确地判断母猪在种公猪附近滞留的次数和每次滞留的时间，从而判定母猪是否发情，进一步可以对鉴定为发情的母猪进行喷色标记或将母猪的信息发送至服务器，或通过短信平台发送给配种员进行保存和处理，相较于人工判断，具备更高的准确率，更加及时，并且，可以大幅降低工作量。

3.5.4 附图说明

为使本研究的目的、技术方案和优点更加清楚明白，以下结合具体实施例，并参照附图，对本研究进一步详细说明。

图 3-5-1 为本研究提供的一种发情监测装置的实施例的立体示意图，图 3-5-2为本研究提供的一种发情监测装置的实施例的主视图（透视）。如图所示，在图 3-5-1 中，本装置 1 两侧额外设置有隔板 2，在实际使用时，将母猪和种猪通过本装置 1 及隔板 2 分隔在不相通的两个区域内。

参考图 3-5-2，本实施例中的装置包括分隔仓 110，分隔仓 110 为一面开口的箱体，与其开口面相对的另一面设置有观察窗 111；分隔仓 110 内部设置有用于验证猪只身份的识别单元 120，用于监测猪只停留的滞留监测单元，用于监测猪只体温的体温监测单元，以及通信单元 140。母猪通过观察窗 111 观察或嗅闻到公猪的气味后，若该母猪处于发情期，则会靠近观察窗 111，从而进入本装置，可以通过母猪一定时间内在本装置中滞留的次数判定其是否进入了发情期，上述识别单元 120、滞留监测单元和体温监测单元分别连接至通信单元。

在一些优选的实施例中，猪只佩戴有耳标，耳标内预存有猪只的身份信息；识别单元 120 用于监测耳标，与耳标取得通信，获取耳标内预存的身份

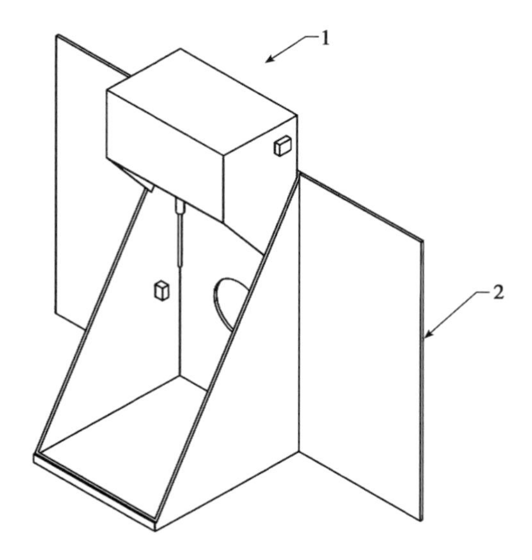

图 3-5-1　一种发情监测装置的立体示意图

1-装置；2-隔板

信息。

体温监测单元在图 3-5-1 及图 3-5-2 中未标示，在一些较佳的实施例中，体温监测单元是非接触式的红外监测模块。

识别单元 120 监测到猪只进入分隔仓后，向通信单元 140 发送包含猪只身份信息的第一信号；滞留监测单元在监测到猪只滞留的事件后，向通信单元 140 发送包含滞留时间的第二信号；体温监测单元在监测到猪只体温后，向通信单元 140 发送包含猪只体温的第三信号；通信单元 140 用于将猪只身份信息、滞留时间、猪只体温加入报文，将报文发送至外部服务器。

在一可选的实施例中，在猪只佩戴的耳标上设置有体温监测器，体温监测器实时监测猪只体温并定时更新耳标内存储的猪只体温；当识别单元 120 从耳标获取信息时，获取猪只的身份信息的同时获取该猪只的当前体温。

在一些可选的实施例中，滞留监测单元包括压力传感模块 131，压力传感模块 131 设置于分隔仓 110 底部；压力传感模块 131 预存有压力阈值。

在一些可选的实施例中，压力传感模块 131 内部还设置有计时器，计时器内预存有滞留时间阈值；压力传感模块 131 在监测到其上的压力大于压力阈值（即有猪只在其上停留）时，计时器开始计时；当压力传感模块 131 监测到其

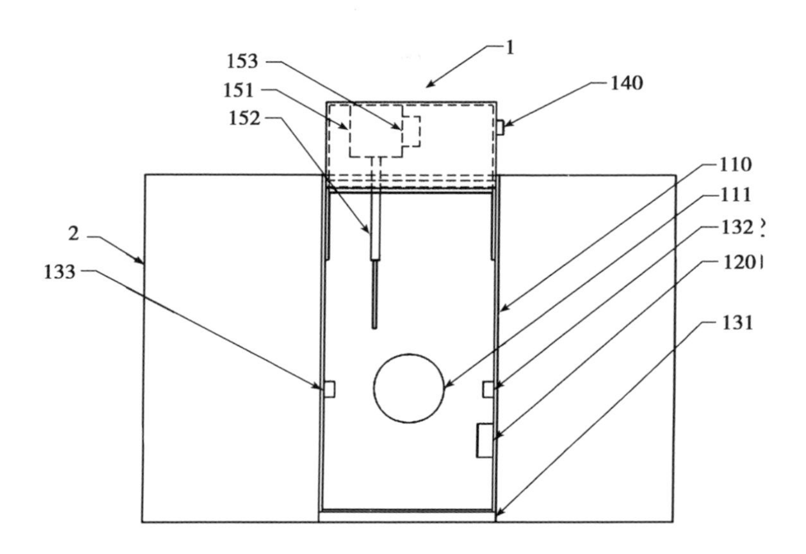

图 3-5-2　一种发情监测装置的实施例的主视图（透视）

1-装置；2-隔板；110-隔仓；111-观察窗；120-识别单元；131-压力传感模块；132-红外发送端；133-红外接收端；140-通信单元；151-储料罐；152-喷头；153-调压器

上的压力消失（或者小于某一最小值）时（即猪只离开），计时器停止计时并记录猪只滞留的时长，并向通信模块 140 发送包含滞留时间的第二信号。

在一些可选的实施例中，滞留监测单元包括红外监测模块，红外监测模块包括红外发送端 132 和红外接收端 133；红外发送端 132 和红外接收端 133 设置于分隔仓 110 设置有观察窗 111 的一面内侧，两者关于观察窗对称。

红外发送端 132 持续（或以较短时间间隔，如 1s）向红外接收端 133 发送红外信号；若红外接收端 133 未接收到红外发送端 132 发送的红外信号（或在一定时间内未接受到，如 5s），则判定两者之间有障碍物阻挡，即猪只在装置内滞留。

与上一实施例类似，红外监测模块还包括计时器，计时器内预存有滞留时间阈值；计时器在红外接收端 133 未接收到红外发送端 132 发送的红外信号（或在一定时间内未接受到，如 5s）后启动计时，在红外接收端 133 再次接收到红外发送端 132 发送的红外信号后停止计时并记录猪只滞留的时长，并向通信模块 140 发送包含滞留时间的第二信号。

上述两个记录猪只滞留时间的实施例可以独立实施，也可以配合实施。在另一可选的实施方式中，识别单元120内置有计时器，由于识别单元120采用短程通信（如RFID）对猪只身份进行识别，因此，当其监测到猪只时，可大致判定为猪只在本装置内滞留，此时计时器启动，当其丢失猪只时，计时器停止计时并记录猪只滞留的时长，并向通信模块140发送包含滞留时间的第二信号。该可选的实时方式可以单独实时，也可以结合上述两个实施例配合实施，以便增加判定猪只滞留时间的准确率。

在另一实施例中，本装置还包括发情处理单元和喷涂单元150；发情处理单元至滞留监测单元和体温监测单元，用于接收第一信号、第二信号和第三信号，并从第一信号、第二信号和第三信号获取猪只身份信息、滞留时间和猪只体温；发情处理单元预存有滞留时间阈值、体温阈值和滞留次数阈值，当滞留时间超过滞留时间阈值且猪只体温超过体温阈值时，发情处理单元对该猪只的滞留次数加一；若该猪只在一定时间内的滞留次数达到滞留次数阈值，发情处理单元还用于控制喷涂单元对该猪只进行喷色标记。

在一可选的实施例中，喷涂单元150包括储料罐151和喷头152；储料罐151设置于分隔仓顶部内侧，储料罐151下端连接有喷头152。

可选的，喷涂单元还包括调压器153，用于调节储料罐内喷涂颜料的压力，从而改变猪只身上标记的大小或形状；进一步，发情处理单元还保存有至少两个猪只滞留次数的阈值，记为第一次数阈值和第二次数阈值，第二次数阈值大于第一次数阈值。

当发情处理单元监测到同一猪只的滞留次数达到第一次数阈值后，控制喷涂单元150以第一压力对猪只进行喷色标记；若发情处理单元监测到同一猪只在一定时间内（通常设置为24小时）的滞留次数进一步达到第二次数阈值后，控制配图单元150以第二压力对猪只进行喷色标记。这样工作人员在监测猪只时即可识别猪只的滞留次数。

在另一实施例中，喷涂单元150有两个，并排设置，且两喷涂单元150的储料罐151内存储有不同颜色的颜料。与上一实施例类似，可以通过喷涂不同颜色的颜料对猪只的停留次数进行区分，其实施原理并无很大区别，不再赘述。

图3-5-3为本研究提供的一种发情监测系统的系统框图。如图所示，本研究还提供包括上述装置的一种发情监测系统，系统还包括服务器。

服务器用于获取发情监测装置发送的报文，从报文中提取猪只身份信息、滞留时间和猪只体温，根据身份信息将猪只的滞留时间和猪只体温进行保存。

在一些可选的实施例中，服务器包括短信发送单元，用于将猪只身份信

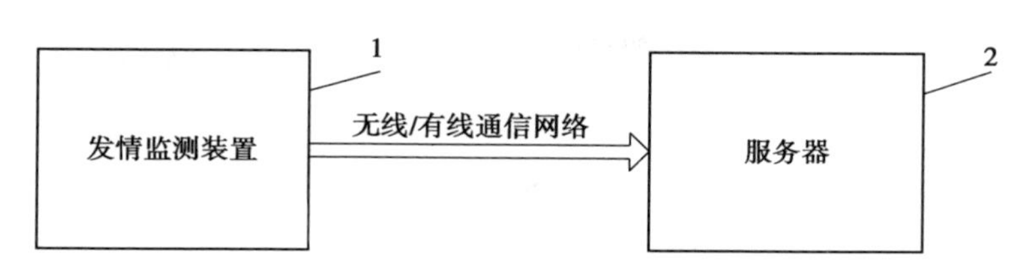

图 3-5-3 一种发情监测系统的系统框图

1-装置；2-隔板

息、滞留时间和猪只体温编辑为短信息发送至工作人员的手机。

本装置和系统通过监测母猪的体温，并配合压力、红外等技术监测母猪的滞留情况，可以准确地判断母猪在种公猪附近滞留的次数和每次滞留的时间，从而判定母猪是否发情，进一步可以对鉴定为发情的母猪进行喷色标记或将母猪的信息发送至服务器，或通过短信平台发送给配种员进行保存和处理，相较于人工判断，具备更高的准确率，更加及时，并且，可以大幅降低工作量。

本技术申请了国家专利保护，获得的专利授权号为：ZL 2015 2 0982613 X

3.6 一种母猪固定饲喂栏

3.6.1 技术领域

本研究涉及畜牧养殖设备技术领域，特别是指一种母猪固定饲喂栏。

3.6.2 背景技术

现代畜牧产业中，养殖妊娠母猪一般采用限位饲养，每一头母猪单独隔离限位，根据母猪膘情供给不同重量饲料，有助于保持母猪体重、保证仔猪健康。但是现有的母猪固定饲喂栏在设计上存在一定问题，通常结构较为笨重，非常难以搬运；而结构较为轻便的饲喂栏则不够坚固，难以满足饲喂需要。另一方面，现有的母猪固定饲喂栏缺少配套的下料管线，通常需要人工投喂饲料，而增设下料管线不但容易影响现有饲喂栏设计，还难以保证一体性，在清洁和管理上很不便利。

3.6.3 解决方案

有鉴于此，本研究的目的在于提出一种母猪固定饲喂栏，在轻便的前提下，保证结构坚固程度。

基于上述目的本研究提供的一种母猪固定饲喂栏，包括侧栏体、顶部水平固定栏、下料导管、前栏门和后栏门；侧栏体至少包括 2 个，平行设置；侧栏体前部设置有前固定栏，后部设置有后固定栏，前固定栏与后固定栏之间由多个连接杆相互连接；下料导管中空，其下端朝向侧栏体侧面弯曲，下料导管设置于侧栏体前端，相邻 2 个下料导管之间设置有前栏门；后栏门设置于侧栏体后部，位于 2 个侧栏体之间。

可选的，还包括中固定栏，中固定栏设置于前固定栏和后固定栏之间；连接杆的前端与前固定栏相固定，连接杆的后端与后固定栏相固定，中固定栏上设置有与连接杆相配合的通孔，连接杆穿过中固定栏上的通孔，被中固定栏限位。

可选的，还包括第一顶部固定杆和第二顶部固定杆；后固定栏低于前固定栏；第一顶部固定杆连接前固定栏顶端与中固定栏顶端；第二顶部固定杆连接中固定栏上部与后固定栏顶端。

可选的，还包括斜连杆，斜连杆连接中固定栏顶端与第二顶部固定杆中部。

可选的，还包括顶部水平固定杆，顶部水平固定杆连接相邻两侧栏体的第一顶部固定杆和、或第二顶部固定杆。

可选的，前固定栏和后固定栏底部设置有固定座，用于与地面相固定。

从上面可以看出，本研究提供的一种母猪固定饲喂栏，在主体结构上采用了模块化的设计，不但便于组装、简单轻便，又通过多方面的加固提高了结构强度；通过设置下料导管，为饲料投喂提供了方便，同时，巧妙地将下料导管与饲喂栏结构相结合，降低了结构复杂度，便于管理和清洁。

3.6.4 附图说明

为使本研究的目的、技术方案和优点更加清楚明白，以下结合具体实施例，并参照附图，对本研究进一步详细说明。

图 3-6-1 为本研究提供的一种母猪固定饲喂栏的实施例的立体结构示意图。如图 3-6-1 所示，本研究实施例提供的一种母猪固定饲喂栏，包括侧栏体 1、顶部水平固定栏 2、下料导管 3、前栏门 4 和后栏门 5；侧栏体 1 至少包括 2 个，平行设置；侧栏体 1 前部设置有前固定栏 11，后部设置有后固定栏 12，前固定栏 11 与后固定栏 12 之间由多个连接杆 14 相互连接；下料导管 3 中空，其下端朝向侧栏体 1 侧面弯曲，下料导管 3 设置于侧栏体 1 前端，相邻

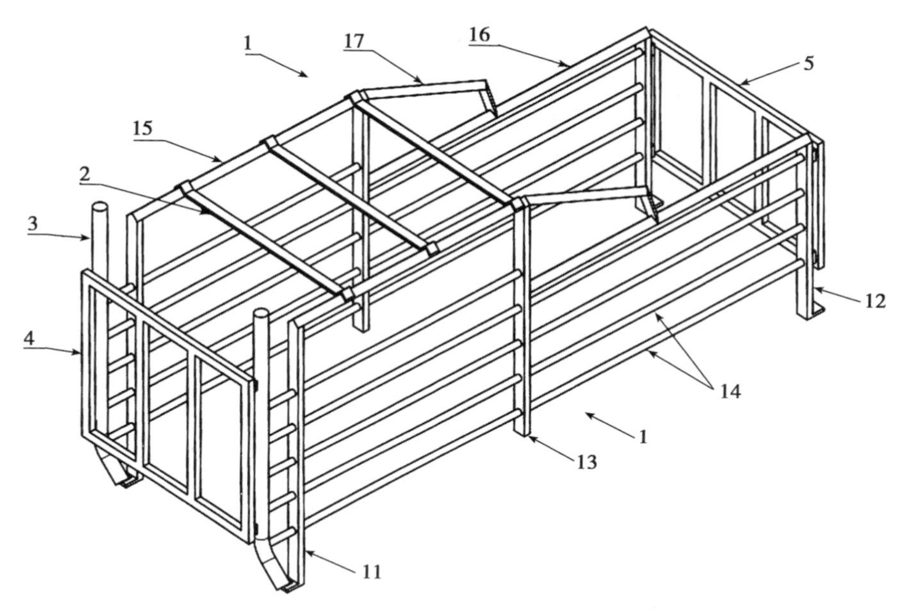

图 3-6-1 一种母猪固定饲喂栏的立体结构示意图

1-侧栏体；2-顶部水平固定栏；3-下料导管；4-前栏门；5-后栏门；11-前固定栏；12-后固定栏；13-中固定栏；14-连接杆；15-第一顶部固定杆；16-第二顶部固定杆；17-斜连杆

2 个下料导管 3 之间设置有前栏门 4；后栏门 5 设置于侧栏体 1 后部，位于 2 个侧栏体 1 之间。

在一些可选的实施方式中，还包括中固定栏 13，中固定栏 13 设置于前固定栏 11 和后固定栏 12 之间；连接杆 14 的前端与前固定栏 11 相固定，连接杆 14 的后端与后固定栏 12 相固定，中固定栏 13 上设置有与连接杆 14 相配合的通孔，连接杆 14 穿过中固定栏 13 上的通孔，被中固定栏 13 限位。区别于现有技术常采用的多段式焊接连接，本实施例中的固定饲喂栏采用了一体的连接杆 14，并通过中固定栏 13 进行限位，保证连接杆 14 位于同一平面上，增强牢固程度；这样就从根本上避免了因虚焊导致的结构强度差等问题。

在一些可选的实施方式中，还包括第一顶部固定杆 15 和第二顶部固定杆 16；后固定栏 12 低于前固定栏 11；第一顶部固定杆 15 连接前固定栏 11 顶端与中固定栏 13 顶端；第二顶部固定杆 16 连接中固定栏 13 上部与后固定栏 12 顶端。

在一些可选的实施方式中，还包括斜连杆 17，斜连杆 17 连接中固定栏 13

顶端与第二顶部固定杆 16 中部。斜连杆 17 的用于进一步加强饲喂栏的一体性，提升其结构强度。

在一些可选的实施方式中，还包括顶部水平固定杆 2，顶部水平固定杆 2 连接相邻两侧栏体 1 的第一顶部固定杆 15 和、或第二顶部固定杆 16。为了防止侧栏体 1 歪斜，在相邻的侧栏体 1 之间采用顶部水平固定栏 2 相互连接，保证其一体性。当多个侧栏体 1 并列平行设置时，顶部水平固定杆 2 则可以保证全部饲喂栏单元的整体性，便于大规模设置。

在一些可选的实施方式中，前固定栏 11 和后固定栏 12 底部设置有固定座，用于与地面相固定。

从上面可以看出，本研究提供的一种母猪固定饲喂栏，在主体结构上采用了模块化的设计，不但便于组装、简单轻便，又通过多方面的加固提高了结构强度；通过设置下料导管，为饲料投喂提供了方便，同时，巧妙地将下料导管与饲喂栏结构相结合，降低了结构复杂度，便于管理和清洁。

本技术申请了国家专利保护，申请号为：2016 2 1401126 0

3.7 一种妊娠母猪饲喂站

3.7.1 技术领域

本研究涉及动物饲养设备技术领域，特别涉及一种妊娠母猪饲喂站。

3.7.2 背景技术

妊娠母猪是一个繁殖猪场精细化管理的核心，它的管理水平直接影响全场生产效益的高低。首先，要考虑妊娠母猪营养需要的特点，母猪除维持机体正常代谢和自身机能外，还要考虑胎儿发育不断对养分增加的需要。因此，提供变化的养分供给，确定养分需要的动态变化是养好妊娠母猪的关键。

目前，国内大部分猪场还是采用人工饲喂，在人工饲喂的过程中，需要耗费大量的精力，浪费了大量的劳动力，尤其是不能满足猪只个性的采食需求，达不到自由采食的状态。但是目前部分自动饲喂站在饲喂时，猪只一拥而上取食，无法保证单一猪只的进食量，有时出现一头以上的母猪进入饲喂站而不能及时释放出来，会造成猪只的损伤，不符合动物福利。因此，希望能够通过一种自动饲喂装置完成妊娠母猪的定量饲喂与安全保护。

3.7.3 解决方案

有鉴于此，本研究的目的在于提出一种妊娠母猪饲喂站。

基于上述目的本研究提供的一种妊娠母猪饲喂站，包括挡板、入口门、饲喂器、出口门和疏导门；饲喂站主体由挡板围成，包括入口、饲喂区、第一出口和第二出口；入口处设置有入口门；饲喂区正对入口设置，在饲喂区设置有饲喂器；第一出口设置于饲喂区旁，第一出口设置有出口门；第二出口设置于饲喂区未设置第一出口的另一侧，第二出口设置有疏导门。

进一步，还包括识别器；识别器设置于饲喂器附近，用于识别妊娠母猪佩戴的电子耳标。

进一步，入口门包括入口门体和驱动机构；驱动机构固定于挡板上，入口门体转动连接于驱动机构，驱动机构用于驱动入口门体开启或闭合；出口门包括出口门体和感应机构，感应机构固定于挡板上，出口门体转动连接于感应机构，感应机构用于在出口门体转动时，向驱动机构发送启动信号，驱动机构接收到启动信号后控制入口门体开启。

进一步，识别器感知到电子耳标靠近后，向驱动机构发送闭合信号；驱动机构接收到闭合信号后控制入口门体闭合。

进一步，饲喂器包括设置于上方的下料端和设置于下料端下方的料槽；识别器感知到电子耳标靠近后，向下料端发送下料信号，下料端接收到下料信号后向料槽中投料。

从上面可以看出，本研究提供的一种妊娠母猪饲喂站通过设置相互关联的入口门和出口门，保证了同一时间只有一只母猪在本饲喂站内进食，解决了因拥挤导致部分猪只进食不足的问题，为妊娠母猪提供了安全保护。

3.7.4 附图说明

为使本研究的目的、技术方案和优点更加清楚明白，以下结合具体实施例，并参照附图，对本研究进一步详细说明。

图 3-7-1 为本研究提供的一种妊娠母猪饲喂站的实施例的立体示意图，图 3-7-2 为本研究提供的一种妊娠母猪饲喂站的实施例的俯视图，图 3-7-3 为本研究提供的一种妊娠母猪饲喂站的实施例在另一工作状态时的俯视图。

如图 3-7-1 所示，本实施例中的一种妊娠母猪饲喂站，包括挡板 1、入口门 2、饲喂器 3、出口门 4 和疏导门 5；饲喂站主体由挡板 1 围成，包括入口、饲喂区、第一出口和第二出口；入口处设置有入口门 2；饲喂区正对入口设

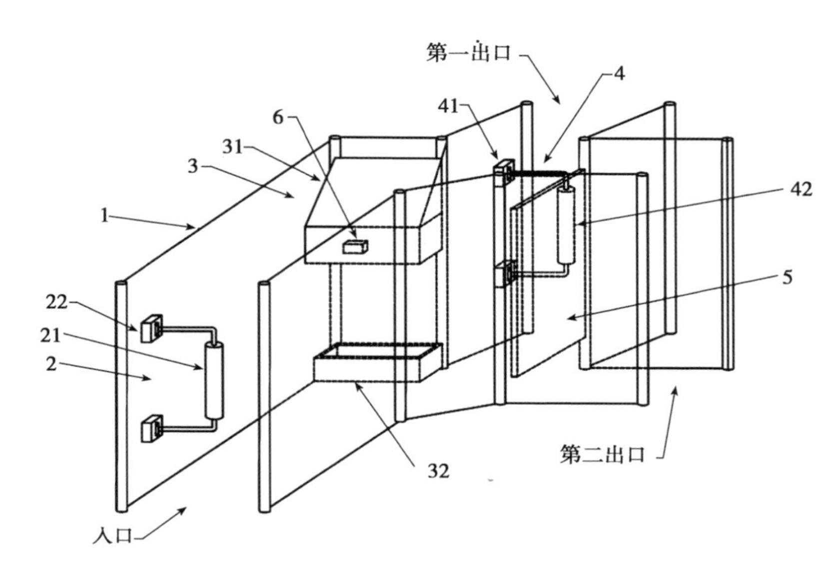

图 3-7-1　一种妊娠母猪饲喂站的立体示意图

1-挡板；2-入口门；3-饲喂器；4-出口门；5-疏导门；6-识别器；21-入口门体；22-驱动机构；31-下料端；32-料槽；41-出口门体；42-感应机构

置，在饲喂区设置有饲喂器 3；第一出口设置于饲喂区旁，第一出口设置有出口门 4；第二出口设置于饲喂区未设置第一出口的另一侧，第二出口设置有疏导门 5。

在一较佳的实施方式中，出口门 4 仅能从内部向外开启。

在一较佳的实施例中，还包括识别器 6；识别器 6 设置于饲喂器 3 附近，用于识别妊娠母猪佩戴的电子耳标。

在另一实施例中，入口门 2 包括入口门体 21 和驱动机构 22；驱动机构 22 固定于挡板 1 上，入口门体 21 转动连接于驱动机构 22，驱动机构 22 用于驱动入口门体 21 开启或闭合；出口门 4 包括出口门体 41 和感应机构 42，感应机构 42 固定于挡板 1 上，出口门体 41 转动连接于感应机构 42，感应机构 42 用于在出口门体 41 转动时，向驱动机构 22 发送启动信号，驱动机构 22 接收到启动信号后控制入口门体 21 开启。

在一优选的实施例中，识别器 6 感知到电子耳标靠近后，向驱动机构 22 发送闭合信号；驱动机构 22 接收到闭合信号后控制入口门体 21 闭合。

在一可选的实施方式中，饲喂器 3 包括设置于上方的下料端 31 和设置于下料端 31 下方的料槽 32；识别器 6 感知到电子耳标靠近后，向下料端 31 发送

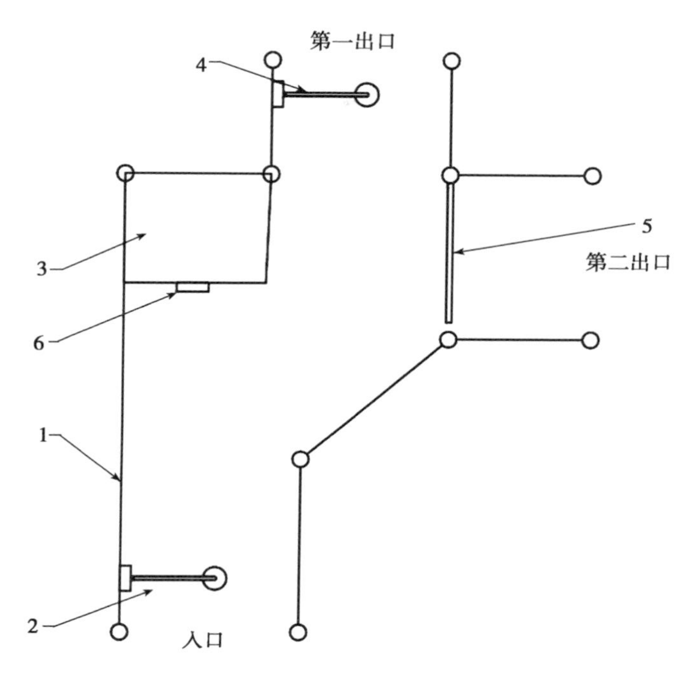

图 3-7-2 一种妊娠母猪饲喂站的实施例的俯视图

1-挡板；2-入口门；3-饲喂器；4-出口门；5-疏导门；6-识别器

下料信号，下料端 31 接收到下料信号后向料槽 32 中投料。

下面介绍本实施例中的饲喂站的工作方式：首先，入口门体 21 常规处于开启状态，当妊娠母猪有进食需要，由入口进入本饲喂站后，识别器 6 识别妊娠母猪佩戴的电子耳标，并向驱动机构 22 发送闭合信号，驱动机构 22 接收到闭合信号后关闭入口门体 21，防止其他猪只进入妨碍当前猪只进食；当猪只进食完毕后，从第一出口走出，带动出口门体 41 转动，感知机构 42 感知到出口门体 41 的转动后，向驱动机构 22 发送启动信号，驱动机构 22 接收到启动信号后控制入口门体 21 开启，为下一猪只进入做准备。当某猪只长期滞留在本饲喂站不愿离去时，工作人员可以手动打开疏导门 5，引导猪只离开，同时，手动开启入口门体 21，以保证本饲喂站顺利使用。

从上面可以看出，本研究提供的一种妊娠母猪饲喂站通过设置相互关联的入口门和出口门，保证了同一时间只有一只母猪在本饲喂站内进食，解决了因拥挤导致部分猪只进食不足的问题，为妊娠母猪提供了安全保护。

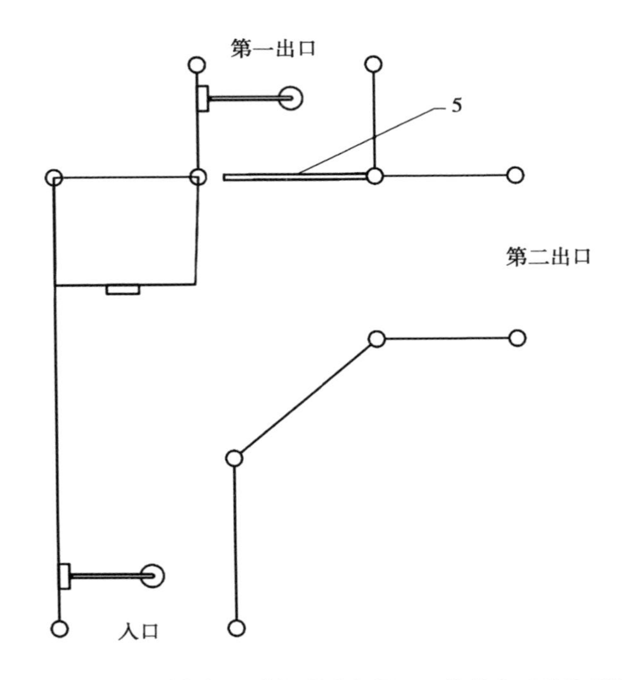

图 3-7-3　一种妊娠母猪饲喂站在另一工作状态时的俯视图

5-疏导门

本技术申请了国家专利保护，获得的专利授权号为：ZL 2015 2 1104418 2

3.8　一种哺乳母猪产床

3.8.1　技术领域

本研究涉及畜牧养殖设备技术领域，特别是指一种哺乳母猪产床。

3.8.2　背景技术

母猪在生产后，直至仔猪断奶的时间段内，需要在特殊的产床上进行哺乳；一方面对母猪进行单独隔离饲喂，根据母猪身体状况提供针对性的饲料，促进其快速恢复、提高产奶量以保证仔猪成长；另一方面将仔猪与母猪进行一定程度地分隔，防止母猪在产后虚弱期身体控制能力差，在翻身等动作时意外伤害到仔猪。

现有技术中的哺乳母猪产床大多能够实现对于母猪的单独饲喂，以及对于仔猪的隔离；但是对于母猪饲喂栏多数没有进行过特殊设计，在更换饲料时较为不便，特别是在清洗饲喂料斗时较为麻烦，难以做到彻底清洁，容易在料斗底部残留饲料残渣，长久累积容易引发微生物滋生，母猪产后身体虚弱，容易引发母猪消化道疾病，影响母猪乃至仔猪的健康。

3.8.3 解决方案

有鉴于此，本研究的目的在于提出一种哺乳母猪产床，用以提高母猪饲喂料斗清洁的便利性。

3.8.4 附图说明

为使本研究的目的、技术方案和优点更加清楚明白，以下结合具体实施例，并参照附图，对本研究进一步详细说明。

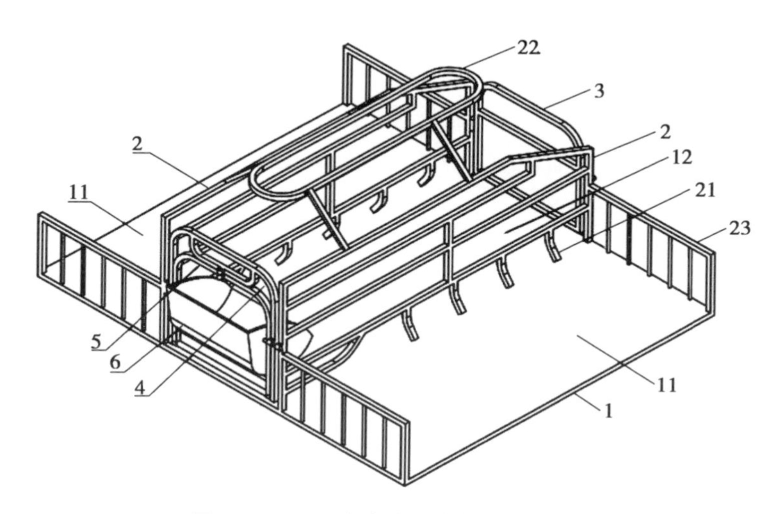

图 3-8-1 一种哺乳母猪产床的立体图

1-产床地板；2-隔离栏；3-后栏门；4-前栏门；5-翻转架；6-料斗；11-仔猪活动区；12-母猪活动区；21-挡栏；22-顶栏；23-仔猪挡栏

图 3-8-1 为本研究提供的一种哺乳母猪产床的实施例的立体图；图 3-8-2 为本研究提供的一种哺乳母猪产床的实施例的俯视图；图 3-8-3 为本研究提供的一种哺乳母猪产床的实施例的主视图；图 3-8-4 为本研究提供的一种哺乳母猪产床的实施例的侧视透视图。如图所示，本研究的一个实施例提供一

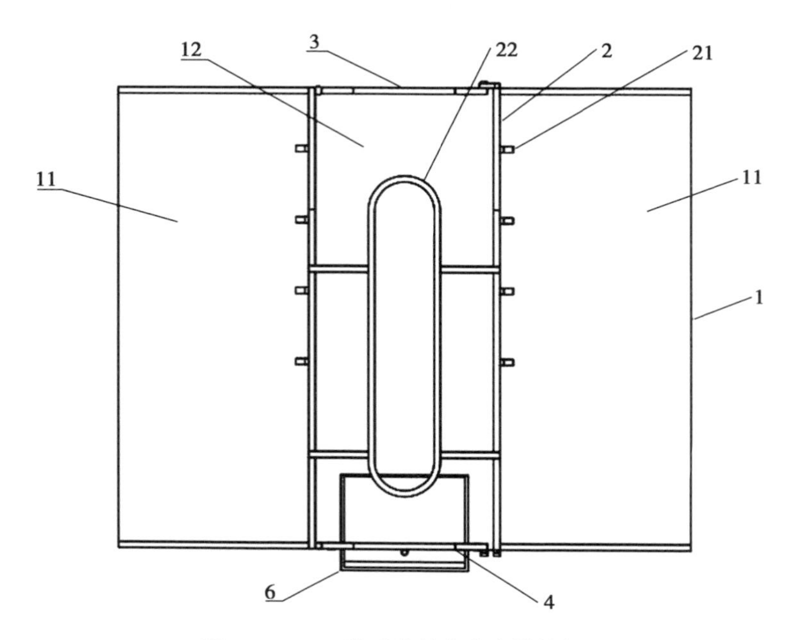

图 3-8-2　一种哺乳母猪产床的俯视图

1-产床地板；2-隔离栏；3-后栏门；4-前门栏；6-料斗；11-仔猪活动区；12-母猪活动区；21-挡栏；22-顶栏；23-仔猪挡栏

种哺乳母猪产床，包括：

产床地板 1，划分为仔猪活动区 11 和母猪活动区 12；以位于中部的 1 个母猪活动区 12 与位于母猪活动区 12 左右两侧的仔猪活动区 11 为一个产床单元；仔猪活动区 11 先后均设置有仔猪挡栏 23。

隔离栏 2，设置于母猪活动区 12 左右两侧，用于分隔仔猪活动区 11 与母猪活动区 12；隔离栏 2 上方设置有顶栏 22。为了保护母猪与仔猪的安全，隔离栏 2 的边角处均应当设置圆角，以防外伤感染；如是基于现有产床改造，则应当在锐利边角处包覆无毒柔性材料。

后栏门 3，位于母猪活动区 12 后部，设置于隔离栏 2 之间。母猪由后栏门 3 进入产床，因此，后栏门 3 为可拆卸或可转动设计。

前栏门 4，位于母猪活动区 12 前部，设置于隔离栏 2 之间；前栏门 4 上转动设置有翻转架 5，翻转架 5 可沿水平转动轴向母猪活动区 12 外部翻转，翻转架 5 与前栏门 4 通过锁定销 53 可拆卸连接；翻转架 5 内设置有料斗 6。在实际使用时，可以在不打开前栏门 4 的状态下，通过转动翻转架 5，将料斗 6 朝

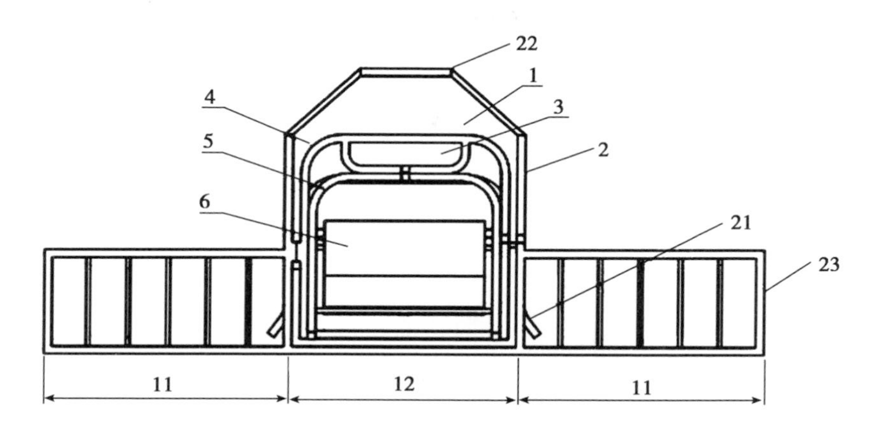

图 3-8-3 一种哺乳母猪产床的主视图

1-产床地板；2-隔离栏；3-后栏门；4-前栏门；5-翻转架；6-料斗；11-仔猪活动区；12-母猪活动区；21-挡栏；22-顶栏；23-仔猪挡栏

向产床外部翻转，使料斗 6 处于横置状态，这样在清洗料斗 6 后，可以方便将污水倒出，以保证料斗 6 的清洁。

从上面可以看出，本研究提供的哺乳母猪产床在现有技术的基础上，将料斗设置于可沿水平轴转动的翻转架上，从而，可以方便地将料斗进行翻转，极大程度地方便了料斗的清理工作，同时为母猪和仔猪的健康提供了保障。

在一些可选的实施例中，前栏门 4 底部水平设置有第一转轴 52，翻转架 5 转动连接于第一转轴 52 上；翻转架 5 上部水平设置有第二转轴 62，料斗 6 转动连接于第二转轴 62 上；翻转架 5 下部水平设置有限位杆 51，料斗 6 底部社会自由限位挡块 61，限位杆 51 用于阻挡限位挡块 61，以阻止料斗 6 朝向哺乳母猪产床外部转动。

在本实施例中，除了翻转架 5 可以转动之外，料斗 6 还可以进一步转动，并且由于限位杆 51 和限位挡块 61 的存在，母猪在正常进食时不会推动料斗 6 发生运动；只有将翻转架 5 翻倒后，料斗 6 才可以进行转动，从而增大料斗 6 的翻转角度。特别是在一些现有母猪产床进行改造时，若受到原料斗形状或空间限制，翻转架无法充分翻转，此时本实施例则可以充分提高料斗的翻转角度，保证内部的液体可以顺利流出。

在一些可选的实施例中，隔离栏 2 底部等距设置有防抢食栏脚 12，防抢食栏脚 12 朝向仔猪活动区 11 倾斜。为了防止多个仔猪同时抢食同一乳头时，部分仔猪无法吃到奶水、其他奶头闲置或发生挤伤等，设置了防抢食栏脚 12，栏脚会占据母猪身边的一些空间，从而，使仔猪自发地分为两只到三只的一组进行采食，避免了过分争抢。

可选的，防抢食栏脚 12 外部采用圆角处理，或使用柔软无毒材料包覆，以防止仔猪碰伤或者因好奇舔舐而中毒。

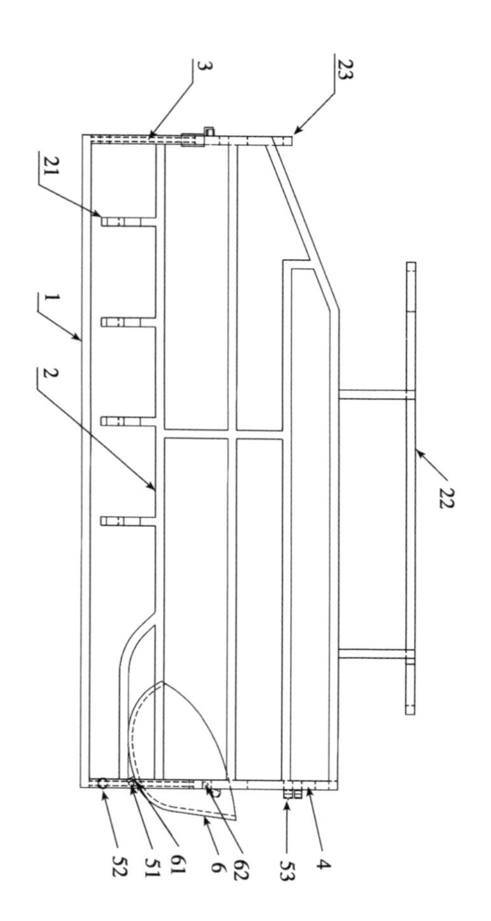

图 3-8-4　一种哺乳母猪产床的实施例的侧视透视图

1-产床地板；2-隔离栏；3-后栏门；4-前栏门；6-料斗；21-挡栏；22-顶栏；23-仔猪挡栏；51-限位杆；52-第一转轴；53-锁定销；61-限位挡块；62-第二转轴

图 3-8-5 为本研究提供的一种哺乳母猪产床的实施例中防滑地板的立体图；图 3-8-6 为本研究提供的一种哺乳母猪产床的实施例中防滑地板的俯视

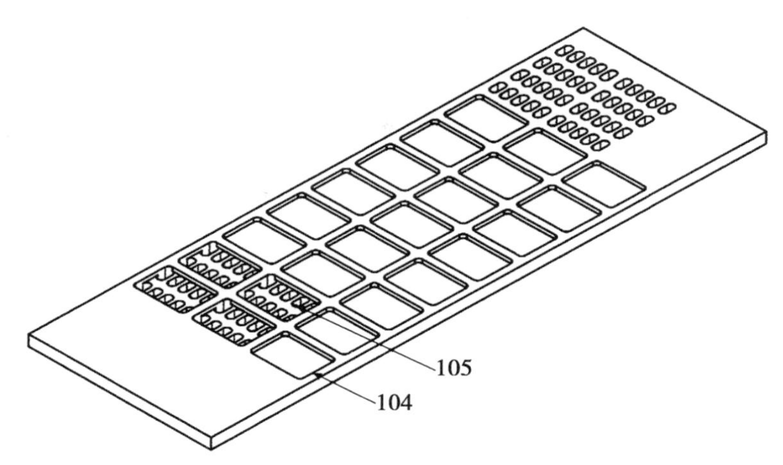

图 3-8-5 一种哺乳母猪产床中防滑地板的立体图

104-防滑凹槽；105-漏孔

图；图 3-8-7 为本研究提供的一种哺乳母猪产床的实施例中防滑地板的侧视图；图 3-8-8 为本研究提供的一种哺乳母猪产床的实施例中防滑地板的另一实现方式的侧视图。如图所示，母猪活动区 12 设置有防滑地板；防滑地板分为 3 个区域，由安放料斗的一端起依次为进食区 101、活动区 102 和清洁区 103；活动区 102 内均匀设置有防滑凹槽 104，防滑凹槽 104 为矩形槽，深度不小于 5mm；活动区 102 内与清洁区 103 均匀设置有漏孔 105，漏孔 105 为长圆孔，位于活动区 102 内的漏孔 105 均匀设置于防滑凹槽 104 内。

进食区 101 是为了哺乳母猪在进食时前肢踩踏，母猪在排泄时粪尿并不会位于此处，因此，不需要设置漏孔 105；为了防止母猪前肢打滑，可以在进食区 101 上表面铺设防滑层（如橡胶垫）等。活动区 102 是母猪主要活动的区域，包括小范围的移动、躺卧、站立等，因此，要保证活动区 102 内有效的防滑措施，本实施例中在活动区 102 设置有均匀的防滑凹槽 104，母猪在由躺卧状态尝试站立时，蹄部可以卡合在防滑凹槽 104 的边沿而借力，从而避免打滑。清洁区 103 位于防滑地板后端，主要用于承接哺乳母猪的便溺，以及供外部自动清理设备对于便溺进行自动清理（主要是通过刮粪板横向刮过而清理），此部分母猪通常不会踩在上面，为了保证清理设备运行顺畅，所以，不设置防滑凹槽 104。漏孔 105 的作用是将便溺中的流体部分漏下并由下方的通道收集，固体部分则统一清理至清洁区 103 后，有清理设备自动清理。

在一些可选的实施例中，漏孔 105 的宽度不小于 1cm，不大于 5cm；漏孔

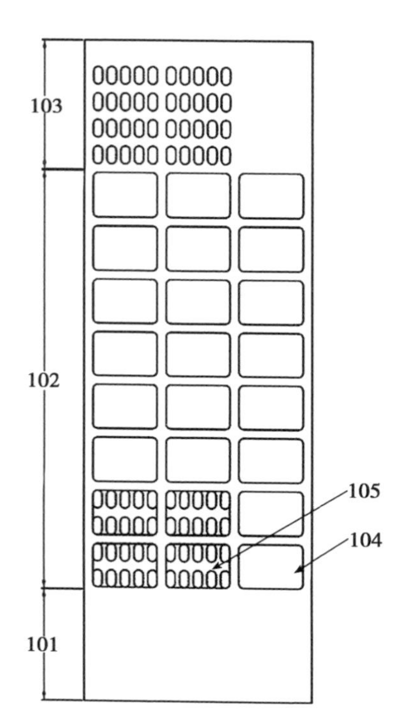

图 3-8-6　一种哺乳母猪产床中防滑地板的俯视图

104-防滑凹槽；105-漏孔

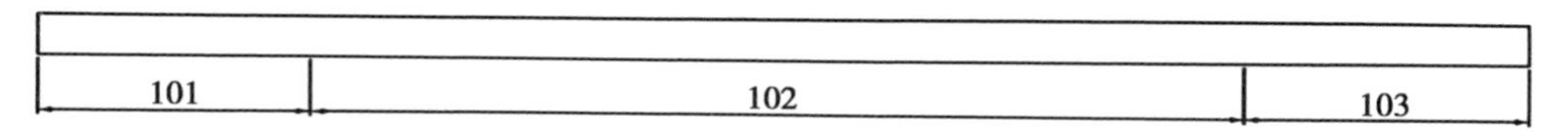

图 3-8-7　一种哺乳母猪产床的实施例中防滑地板的侧视图

101-进食区；102-活动区；103-清洁区

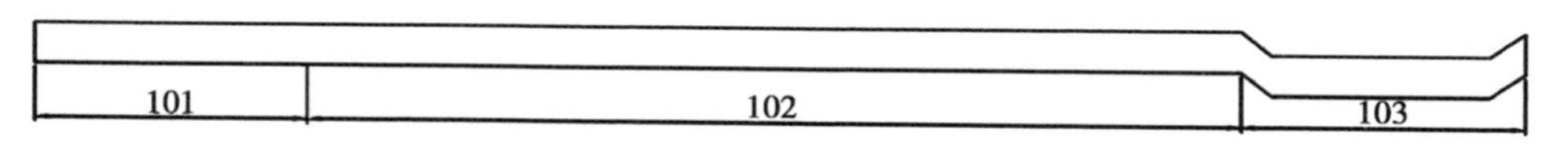

图 3-8-8　一种哺乳母猪产床中防滑地板的另一实现方式的侧视图

101-进食区；102-活动区；103-清洁区

105 的长度不小于其宽度的 2 倍。

可选的，漏孔 105 长度与宽度的比值范围为 3~10。

可选的，防滑地板的上表面覆盖有防滑覆层。

本实施例中增设的防滑地板，通过分段式的设计，将地板划分为3个区域。进食区设置为平整结构，对于母猪经常运动的活动区，在地板上设置防滑凹槽进行防滑处理，而处理便溺的清理区则保持平整；整个地板功能划分明确，可以有效防止哺乳母猪打滑，可以有效保证哺乳母猪的活动量，同时确保母猪与仔猪的安全。

在一些可选的实施例中，进食区101与活动区102的长度比例范围不大于1/5。清洁区103与活动区102的长度比例范围不大于1/5。为了充分保证母猪的活动区域大小，避免母猪非进食时间过多在进食区101活动，或过多在清洁区103活动，需要对进食区101、活动区102和清洁区103的长度关系做一限定。

在一些可选的实施例中，参考图3-8-7，防滑地板大致呈一平面。这里“大致呈一平面”的含义是，防滑地板的主体处于一平面上，而防滑地板上的防滑凹槽等，则是在这个平面基础上进行的改进，从图3-8-7的侧视图也可以清楚地看出地板主体并没有发生弯折。

参考图3-8-8所示，在另一可选的实施例中，清洁区103向下凹陷，低于进食区101和活动区102所在平面；活动区102与清洁区103的连接处设置有平滑的倒角；清洁区103远离活动区102的一端向上凸起形成阻挡沿。

对于基础的实施例的描述中已经解释过，清洁区103的功能是承接母猪便溺，供清理设备清理；为了保证便溺可以顺利进入清洁区103，且不会随意外流，本实施例将清洁区103设置为凹陷式结构，通过在活动区102和清洁区103的连接处设置平滑的倒角，可以保证便溺由活动区102顺如进入清洁区103；通过在清洁区103远端设置阻挡沿，可以保证便溺不会从清洁区远端外流。

本技术申请了国家专利保护，专利申请号为：2016 2 1401120 3

3.9 一种哺乳母猪产床防滑地板

3.9.1 技术领域

本研究涉及畜牧养殖设备技术领域，特别是指一种哺乳母猪产床防滑地板。

3.9.2 背景技术

母猪在妊娠后进入哺乳期，哺乳母猪的健康，不但影响到母猪的产能，还会影响到仔猪的健康状况。因此，在母猪妊娠后，需要准备专用的产床进行护理。普通的产床地板没有有效的防滑措施，部分地板采用覆盖橡胶层的防滑办法，但是效果并不显著，仍然容易发生母猪滑倒摔伤、仔猪被母猪意外压死的问题；此外，现有技术中的母猪产床地板通常较为简单，没有充分考虑到补入母猪产床各区域的功能性区别。

3.9.3 解决方案

有鉴于此，本研究的目的在于提出一种哺乳母猪产床防滑地板，用以实现哺乳母猪产床的有效防滑，保护母猪与仔猪的安全。

基于上述目的本研究提供的一种哺乳母猪产床防滑地板，产床防滑地板分为 3 个区域，由安放料槽的一端起依次为进食区、活动区和清洁区；活动区内均匀设置有防滑凹槽，防滑凹槽为矩形槽，深度不小于毫米；活动区内与清洁区均匀设置有漏孔，漏孔为长圆孔，位于活动区内的漏孔均匀设置于防滑凹槽内。

可选的，进食区与活动区的长度比例范围不大于 1/5。

可选的，清洁区与活动区的长度比例范围不大于 1/5。

可选的，产床防滑地板大致呈一平面。

可选的，清洁区向下凹陷，低于进食区和活动区所在平面；活动区与清洁区的连接处设置有平滑的倒角；清洁区远离活动区的一端向上凸起形成阻挡沿。

可选的，漏孔的宽度不小于 1cm，不大于 5cm；漏孔的长度不小于其宽度的 2 倍。

可选的，漏孔长度与宽度的比值范围为 3~10。

可选的，防滑地板的上表面覆盖有防滑覆层。

从上面可以看出，本研究提供的一种哺乳母猪产床防滑地板，通过分段式的设计，将地板划分为 3 个区域。进食区设置为平整结构，对于母猪经常运动的活动区，在地板上设置防滑凹槽进行防滑处理，而处理便溺的清理区则保持平整；整个地板功能划分明确，可以有效防止哺乳母猪打滑，可以有效保证哺乳母猪的活动量，同时确保母猪与仔猪的安全。

3.9.4 附图说明

为使本研究的目的、技术方案和优点更加清楚明白，以下结合具体实施例，并参照附图，对本研究进一步详细说明。

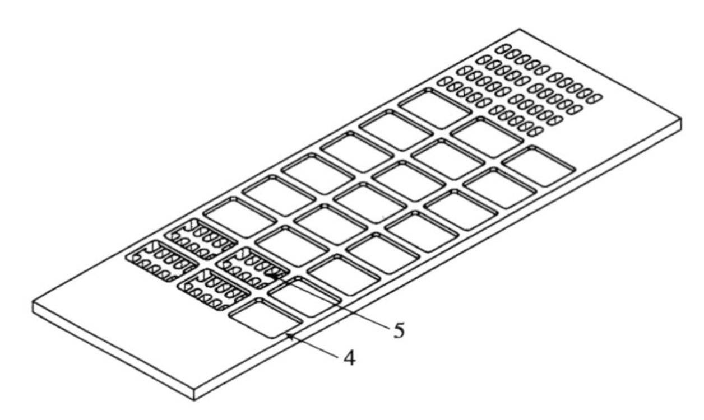

图 3-9-1 种哺乳母猪产床防滑地板的立体示意图

4-防滑凹槽；5-漏孔

图 3-9-1 为本研究提供的一种哺乳母猪产床防滑地板的实施例的立体示意图；图 3-9-2 为本研究提供的一种哺乳母猪产床防滑地板的实施例的俯视图；图 3-9-3 为本研究提供的一种哺乳母猪产床防滑地板的实施例的侧视图。如图所示，本实施例提供的一种哺乳母猪产床防滑地板，产床防滑地板分为 3 个区域，由安放料槽的一端（在本申请中涉及“前”“后”的方位时，前端均指代安放料槽的一端，后端则指代与前端相对的另一端）起依次为进食区 1、活动区 2 和清洁区 3；活动区 2 内均匀设置有防滑凹槽 4，防滑凹槽 4 为矩形槽，深度不小于 5mm；活动区 2 内与清洁区 3 均匀设置有漏孔 5，漏孔 5 为长圆孔，位于活动区 2 内的漏孔 5 均匀设置于防滑凹槽 4 内。

进食区 1 是为了哺乳母猪在进食时前肢踩踏，母猪在排泄时粪尿并不会位于此处，因此，不需要设置漏孔 5；为了防止母猪前肢打滑，可以在进食区 1 上表面铺设防滑层（例如橡胶垫）等。活动区 2 是母猪主要活动的区域，包括小范围的移动、躺卧、站立等，因此，要保证活动区 2 内有效的防滑措施，本实施例中在活动区 2 设置有均匀的防滑凹槽 4，母猪在由躺卧状态尝试站立时，蹄部可以卡合在防滑凹槽 4 的边沿而借力，从而避免打滑。清洁区 3 位于防滑地板后端，主要用于承接哺乳母猪的便溺，以及供外部自动清理设备对于便溺进行自动清理（主要是通过刮粪板横向刮过而清理），此部分母猪通常不

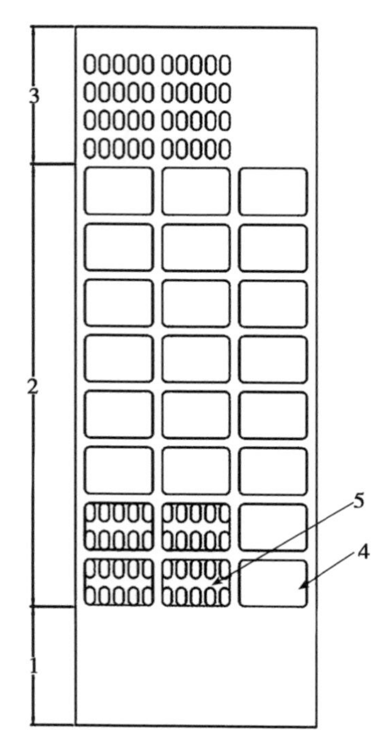

图 3-9-2　一种哺乳母猪产床防滑地板的俯视图

4-防滑凹槽；5-漏孔

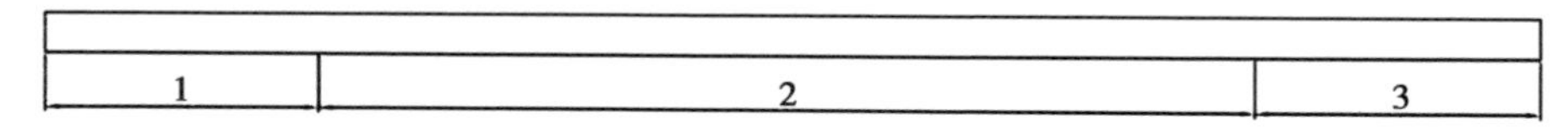

图 3-9-3　一种哺乳母猪产床防滑地板的侧视图

1-进食区；2-活动区；3-清洁区

会踩在上面，为了保证清理设备运行顺畅，所以，不设置防滑凹槽 4。漏孔 5 的作用是将便溺中的流体部分漏下并由下方的通道收集，固体部分则统一清理至清洁区 3 后，有清理设备自动清理。

在一些可选的实施例中，漏孔 5 的宽度不小于 1cm，不大于 5cm；漏孔 5 的长度不小于其宽度的 2 倍。

可选的，漏孔 5 长度与宽度的比值范围为 3~10。

可选的，防滑地板的上表面覆盖有防滑覆层。

从上面可以看出，本实施例提供的一种哺乳母猪产床防滑地板，通过分段式的设计，将地板划分为3个区域。进食区设置为平整结构，对于母猪经常运动的活动区，在地板上设置防滑凹槽进行防滑处理，而处理便溺的清理区则保持平整；整个地板功能划分明确，可以有效防止哺乳母猪打滑，可以有效保证哺乳母猪的活动量，同时确保母猪与仔猪的安全。

在一些可选的实施例中，进食区1与活动区2的长度比例范围不大于1/5。清洁区3与活动区2的长度比例范围不大于1/5。为了充分保证母猪的活动区域大小，避免母猪非进食时间过多在进食区1活动，或过多在清洁区3活动，需要对进食区1、活动区2和清洁区3的长度关系做一限定。

在一些可选的实施例中，参考图3-9-2，产床防滑地板大致呈一平面。这里“大致呈一平面”的含义是，产床防滑地板的主体处于一平面上，而防滑地板上的防滑凹槽等，则是在这个平面基础上进行的改进，从图3-9-3的侧视图也可以清楚地看出地板主体并没有发生弯折。

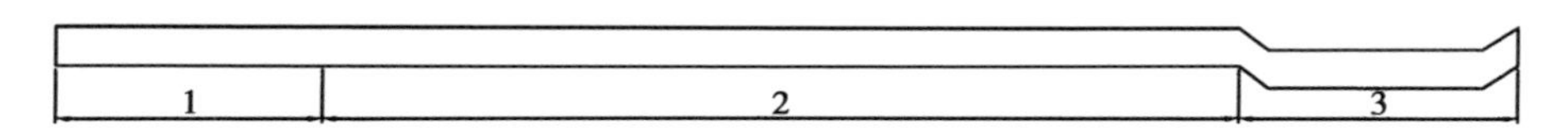

图3-9-4 一种哺乳母猪产床防滑地板的另一实施例的侧视图

1-进食区；2-活动区；3-清洁区

图3-9-4为本研究提供的一种哺乳母猪产床防滑地板的另一实施例的侧视图。如图所示，在另一可选的实施例中，清洁区3向下凹陷，低于进食区1和活动区2所在平面；活动区2与清洁区3的连接处设置有平滑的倒角；清洁区3远离活动区2的一端向上凸起形成阻挡沿。

对于基础的实施例的描述中已经解释过，清洁区3的功能是承接母猪便溺，供清理设备清理；为了保证便溺可以顺利进入清洁区3，且不会随意外流，本实施例将清洁区3设置为凹陷式结构，通过在活动区2和清洁区3的连接处设置平滑的倒角，可以保证便溺由活动区2顺如进入清洁区3；通过在清洁区3远端设置阻挡沿，可以保证便溺不会从清洁区远端外流。

本技术申请了国家专利保护，专利申请号为：2016 2 1401000 3

3.10 一种母猪产床笼

3.10.1 技术领域

本研究涉及畜牧养殖专用设备技术领域，特别是指一种母猪产床笼。

3.10.2 背景技术

目前，养猪业仍然是我国畜牧业中的主导产业，猪肉在居民肉类消费结构中仍然占据主导地位。而随着经济的发展和人民生活、消费水平的不断提高，人们对健康长寿的追求也日益增加。因此，无公害、安全、绿色食品在市场上的需求量逐年上升。由此，导致养猪业的发展相对迅速，专门用于养猪的设备也越来越多，养猪管理手段也越来越科学化。走集约化、小区化、科学化发展道路，可促进养猪业持续健康发展。通常在母猪分娩后，同仔猪一起饲养期间，经常会发生母猪压死、压残小仔猪的情况，导致小猪仔的成活率大大降低。

母猪产床是一种专门用于母猪生产以及猪仔断奶前母猪使用母乳喂养猪仔时供母猪与猪仔生活的设备。由于母猪生产时身体受到巨大的创伤，生产后的身体恢复期时常会有剧烈的疼痛感，然后会习惯性且动作猛烈的躺倒在产床上。由于母猪躺倒的动作迅猛，而刚出生的小猪仔还不能很好地适应母猪的生活习惯，因此，母猪在躺倒时，时常会压倒刚出生的小猪仔，并造成小猪仔的伤亡。

现有畜牧业中用于牲畜产子时用的产床大多都是传统性的栏舍或用栏阻件围成的围栏框。这些牲畜产床在使用中存在的不足是：①母猪与猪仔在同一个活动区域内，不能将母猪与猪仔的活动区域分离，导致容易发生踩踏或者碾压事故；②需要人工照料的程序，当将猪仔与母猪分离式，需要人工操作才能使得猪仔与母猪在同一地区完成进食；③产床不易清洗，容易滋生细菌。

3.10.3 解决方案

有鉴于此，本研究的目的在于提出一种母猪产床笼，能够在将母猪与猪仔隔离的同时，又能够实现猪仔的自动进食，大大降低猪仔被踩、压的概率。

基于上述目的本研究提供的一种母猪产床笼，包括：前门、后门、两组围栏和自动喂食机构；前门、后门和两组围栏相互连接形成四周封闭的笼状结构，自动喂食机构包括对称设置于两组围栏下方的压杆、挡板、转轴以及设置于前端或后端的传动机构；压杆与挡板均固定于转轴上，且压杆与挡板形成一定夹角，使压杆位于围栏内侧；转轴与围栏为转动连接，且两侧的转轴通过传动机构进行同步反向的转动。

可选的，传动机构为相互啮合的两个齿轮，且两个齿轮的中心具有传动轴，转轴通过传送带或者链条连接到两个齿轮的传动轴上。

可选的，压杆为均布设置的杆状结构，且压杆与挡板相互垂直。

可选的，还包括引导杆，引导杆对称设置于两组围栏的内侧，且引导杆与围栏为转动连接。

可选的，引导杆的宽度大于引导杆与围栏转动连接位置的高度。

可选的，引导杆的转动连接位置设置有缓冲弹簧结构。

可选的，后门的一端与一侧的围栏转动连接，后门的另一端设置有连接杆，连接杆上设置有系列的连接孔，连接杆通过连接孔与另一侧的围栏连接。

可选的，前门的下方还设置有转动连接的食槽，食槽的下端与前门下方的横杆转动连接。

可选的，食槽 7 的下方设置有限位结构，能够限制食槽 7 转动的角度。

从上面可以看出，本研究提供的母猪产床笼通过在两侧的围栏下方设置的自动喂食机构，使得只有在母猪躺下的时候才能够打开围栏的下侧通道，进而使得只有母猪躺下了猪仔才能够进食，一方面保证母猪在站立的时候与猪仔是处于分割状态，因而，不会导致母猪对猪仔的踩踏和碾压；另一方面又使得母猪躺下后猪仔能够自由的进食。母猪产床笼既充分限制了母猪的行动范围而使得猪仔相对自由活动，而且，在将母猪与猪仔隔离的同时又能够实现猪仔的自动进食，大大降低猪仔被踩、压的概率，提高了猪仔的成活率。

3.10.4 附图说明

为使本研究的目的、技术方案和优点更加清楚明白，以下结合具体实施例，并参照附图，对本研究进一步详细说明。

母猪产床笼是专门用于母猪在生产后哺育猪仔期间的一种设备，其通常是极大地限制了母猪的小活动范围，使得减少对猪仔的踩踏，同时，又能够方便地是猪仔进食，最终能够提高猪仔的成活率。当然，本研究的母猪产床笼同样适用于其他动物。

具体的，参照图 3-10-1、图 3-10-2、图 3-10-3 所示，分别为本研究提供的母猪产床笼的一个实施例的立体图、右视图和正视图。图 3-10-4、图 3-10-5 分别为本研究提供的母猪产床笼中自动喂食机构的一个实施例的俯视图和正视图。母猪产床笼包括：前门 1、后门 2、两组围栏 3 和自动喂食机构 4。可选的，两组围栏 3 为杆状结构组成的近似墙面的围栏结构。前门 1 和后门 2 既可以也是有杆状结构组成，也可以直接由板状结构形成。安装时，两组围栏 3 对称设置于母猪活动区域的两侧，前门 1 和后门 2 分别连接到两组围栏的前端和后端，用于将两组围栏 3 形成的开口封闭住，使得前门 1、后门 3 和两组

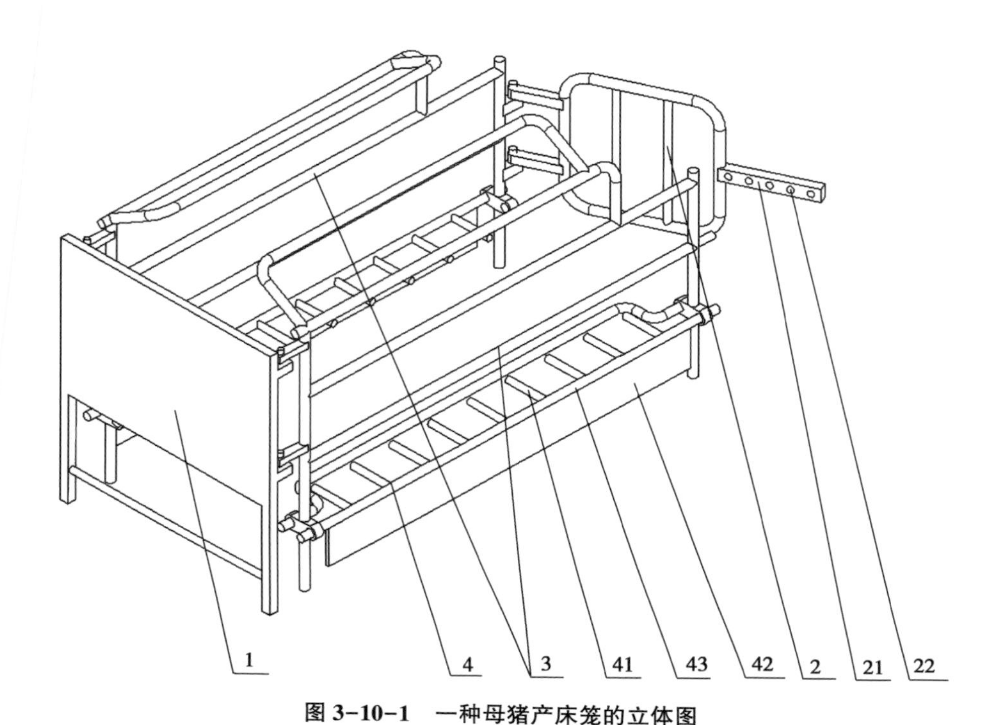

图 3-10-1　一种母猪产床笼的立体图

1-前门；2-后门；3-围栏；4-自动喂食机构；21-连接杆；22-连接孔；41-压杆；42-挡板；43-转轴

围栏 3 相互连接形成四周封闭的笼状结构。自动喂食机构 4 包括对称设置于两组围栏 3 下方的压杆 41、挡板 42、转轴 43 以及设置于前端或后端的传动机构 5，其中，压杆 41 与挡板 42 均固定于转轴 43 上，且压杆 41 与挡板 42 形成一定夹角，优选为 90°，使压杆 41 位于围栏 3 的内侧；转轴 43 与围栏 3 为转动连接，且两侧的转轴 43 通过传动机构 5 进行同步反向的转动。通常情况下，挡板 42 的重量大于压杆 41 的重量，因此，没有外力时，挡板 42 垂直向下，且能够将围栏下方的通道挡住，使得猪仔不能够进入到围栏 3 内侧，而压杆向围栏 3 的内侧横向延伸，当母猪向下躺下时，将会压倒一侧（如为右侧）的压杆 41，使得右侧的压杆 41 保持垂直向下，进而使得右侧的转轴 43 将会转动，由于两侧的转轴 43 通过传动机构 5 进行同步反向的转动，因此，左侧的转轴 43 将会反向旋转，使得左侧的压杆 41 保持垂直向下，而左侧的挡板 42 将会向外翻起，进而在母猪的胸脯那一侧（也即左侧），猪仔将能够通过压杆到母猪身上进食。

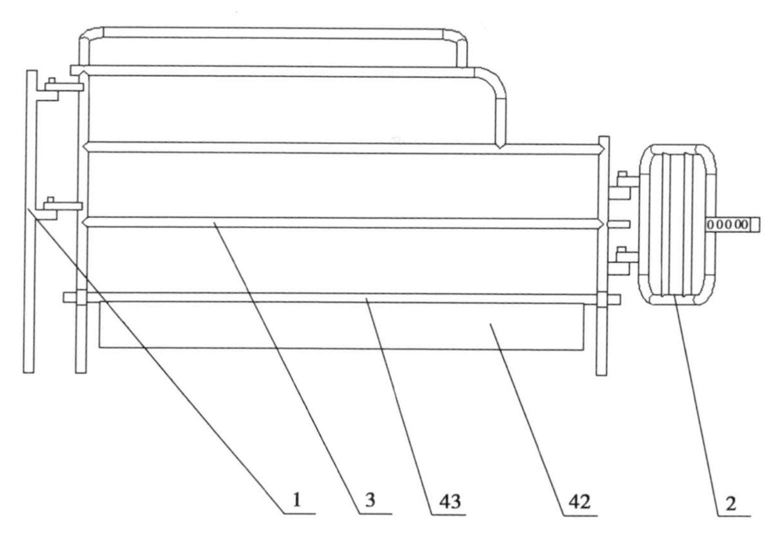

图 3-10-2　一种母猪产床笼的右视图

1-前门；2-后门；3-围栏；42-挡板；43-转轴

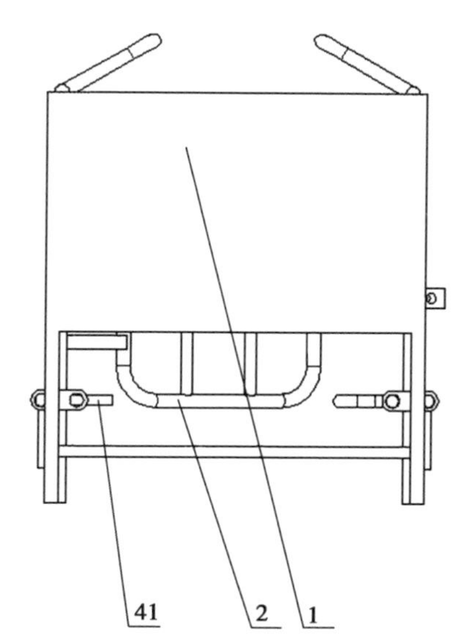

图 3-10-3　一种母猪产床笼的正视图

1-前门；2-后门；41-压杆

优选的，压杆 41 为间隔设置且垂直于转轴 43 的杆状结构，压杆 41 之间

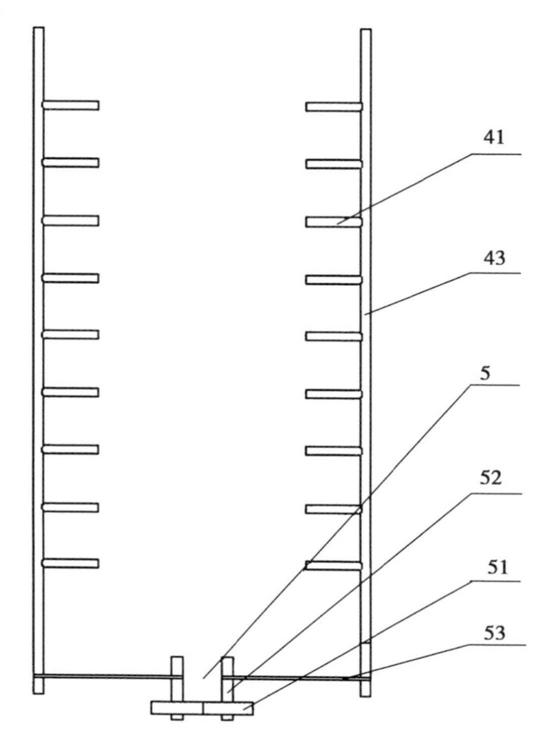

图 3-10-4　一种母猪产床笼中自动喂食机构的俯视图

5-传动机构；41-压杆；43-转轴

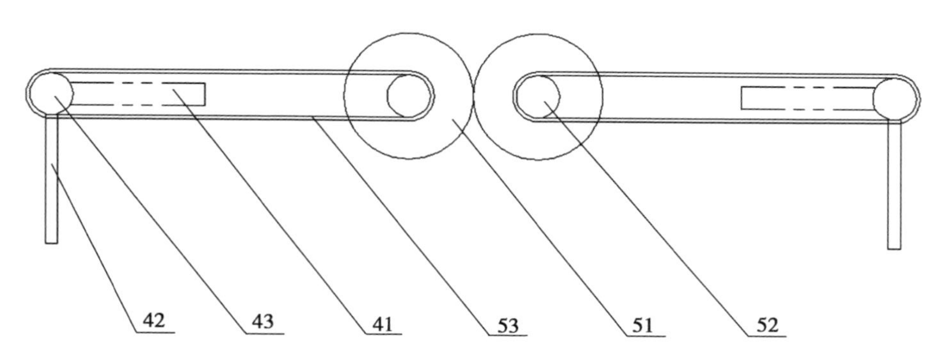

图 3-10-5　一种母猪产床笼中自动喂食机构的正视图

41-压杆；42-挡板；43-转轴；51-齿轮；52-传动轴；53 传送带

的间隙大于猪仔的身体宽度。而具体压杆的数量可以根据实际需要设置。

由上述实施例可知，母猪产床笼通过在两侧的围栏下方设置的自动喂食机构，使得只有在母猪躺下的时候才能够打开围栏的下侧通道，进而使得只有母猪躺下了猪仔才能够进食，一方面保证母猪在站立的时候与猪仔是处于分割状态，因而不会导致母猪对猪仔的踩踏和碾压；另一方面又使得母猪躺下后猪仔能够自由的进食。母猪产床笼既充分限制了母猪的行动范围而使得猪仔相对自由活动，而且，在将母猪与猪仔隔离的同时，又能够实现猪仔的自动进食，大大降低猪仔被踩、压的概率，提高了猪仔的成活率。

参照图 3-10-4 和图 3-10-5 所示，传动机构 5 为相互啮合的两个齿轮 51，且两个齿轮 51 的中心具有传动轴 52，转轴 43 通过传送带 53（或者链条）连接到两个齿轮 51 的传动轴 52 上。其中，两个齿轮 51 的大小相同。可选的，还可以根据实际路径的需要，设置多个中间轴或者多个中间齿轮结构进行运动的传递。这样，使得母猪产床笼两侧的转轴不仅能够完全同步运动，而且其运动结构非常稳定、可靠。也即，通过传动机构 5 实现了母猪与猪仔活动空间的隔离，同时，当母猪躺下需要喂食的时候，又不影响猪仔的进食，这整个过程不需要人工的干预，大大提高了母猪与猪仔管理的效率和质量。

在一些可选的实施例中，压杆 41 为均布设置的杆状结构，且压杆 41 与挡板 42 相互垂直。

在一些可选的实施例中，参照图 3-10-6 所示，母猪产床笼还包括引导杆 6，引导杆 6 对称设置于两组围栏 3 的内侧，且引导杆 6 与围栏 3 为转动连接。通过引导杆 6 使得，母猪向一侧躺下时，能够进一步引导母猪的身体形成侧躺的姿势，进而使得母猪的乳房完全露出，有利于猪仔的进食。

在一些可选的实施例中，引导杆 6 的宽度大于引导杆 6 与围栏 3 转动连接位置的高度。这样，一方面当引导杆 6 与地面接触时，不仅可以避免母猪直接躺到地面上，而且，还能够引导母猪向具有乳房的那一侧滑去，使得更有利于猪仔的进食。

在一些可选的实施例中，引导杆 6 的转动连接位置设置有缓冲弹簧结构。缓冲弹簧能够减缓引导杆 6 下降的速度，进而使得母猪快速躺下时，其身体还能够缓慢下降，不仅减少对母猪身体的损伤，而且，也给可能处于母猪身体下的猪仔逃跑的时间。

在一些可选的实施例中，参照图 1 所示，后门 2 的一端与一侧的围栏 3 转动连接，后门 2 的另一端设置有连接杆 21，连接杆 21 上设置有系列的连接孔 22，连接杆 21 通过连接孔 22 与另一侧的围栏 3 连接。这样，由于后门另一端

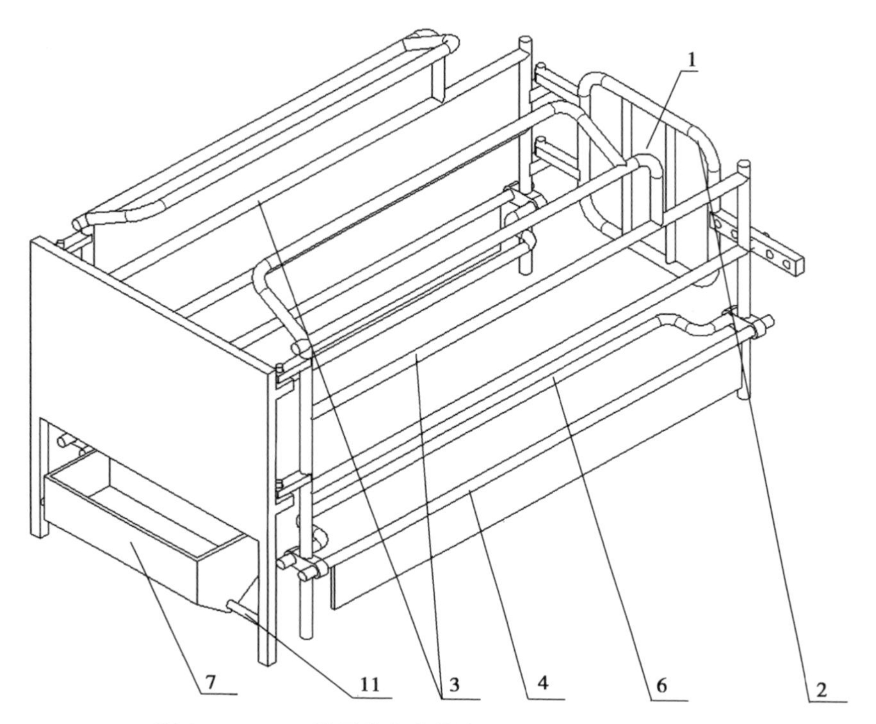

图 3-10-6　一种母猪产床笼的另一个实施例的立体图

1-前门；2-后门；3-围栏；4-自动喂食机构；6-引导杆；7- 食槽；11-横杆

的连接孔 22 具有多个，使得可以调节后门 2 与围栏 3 的连接位置，进而能够调节母猪产床笼的宽度，进而使得母猪产床笼能够适用于各种体型的母猪。

可选的，还可以将前门设置为可调节结构。

可选的，前门 1 与后门 2 与两侧的围栏 3 均为铰接连接。

在一些可选的实施例中，前门 1 的下方还设置有转动连接的食槽 7，食槽 7 的下端与前门 1 下方的横杆 11 转动连接。这样，既可以方便添食的工作人员能够极为顺利地添加母猪的食物，而且，也不会影响母猪的进食。

进一步，在食槽 7 的下方设置有限位结构，能够限制食槽 7 转动的角度，进而使得食槽 7 不会翻倒，最终提高了食槽 7 的稳定性。

本技术申请了国家专利保护，获得的专利授权号为：ZL 2016 2 0831884 X

3.11 一种哺乳母猪福利产床

3.11.1 技术领域

本研究涉及畜牧养殖设备技术领域，特别是指一种哺乳母猪福利产床。

3.11.2 背景技术

现有的哺乳母猪产床，通常通过一固定栏将产床划分为母猪活动区和仔猪活动区，母猪在母猪活动区进行进食、哺乳，仔猪在仔猪活动区内活动。但是，现有的哺乳母猪产床中，母猪活动区范围很小，只能容许母猪站立和躺卧，长期如此母猪易因活动量不足引发各种疾病；而固定栏也无法完全隔绝仔猪与母猪的活动范围，仔猪常进入母猪活动区活动，可能在母猪躺卧时被压到。

3.11.3 解决方案

有鉴于此，本研究的目的在于提出一种哺乳母猪福利产床，用以解决现有产床母猪活动范围不足的问题。

基于上述目的本研究提供的一种哺乳母猪福利产床，包括：

栏体，栏体围成矩形产床空间；栏体底部设置有产床地板；

活动栏，一端转动连接至产床空间的长边中部；产床地板上设置有至少 2 个锁定点，活动栏的另一端可拆卸连接至锁定点上；活动栏将产床空间划分为仔猪活动区和母猪活动区；

栏门，设置于母猪活动区旁的栏体上，供母猪进出。

可选的，仔猪活动区旁的栏体中下部，设置有板状、百叶窗状或栏状的仔猪挡板。

可选的，活动栏包括 2 个立柱、至少 1 个横杆和至少 1 个防压杆；横杆设置于立柱之间，共同构成活动栏的主体结构；防压杆设置于立柱之间，位于活动栏中下部，防压杆中部朝向母猪活动区凸出。

可选的，活动栏还包括限位杆、定位标尺和定位销；限位杆设置于立柱之间，位于防压杆下方，限位杆两端均与立柱转动连接；限位杆中部朝向仔猪活动区凸出；定位标尺下端转动连接至限位杆中部，定位标尺上部设置有至少 2 个定位孔；横杆上设置有与定位孔配合的定位销；当定位销与不同定位孔配合固定时，限位杆的凸出部分处于不同高度。

从上面可以看出，本研究提供的哺乳母猪福利产床，充分考虑到了哺乳母猪的生活状态，通过设置可转动的活动栏，实现了对于哺乳母猪活动空间大小的调节；同现有技术的产床相比，使用更加灵活，在不占用更多空间的前提下，达到了哺乳母猪的活动需求，满足动物福利。

3.11.4 附图说明

为使本研究的目的、技术方案和优点更加清楚明白，以下结合具体实施例，并参照附图，对本研究进一步详细说明。

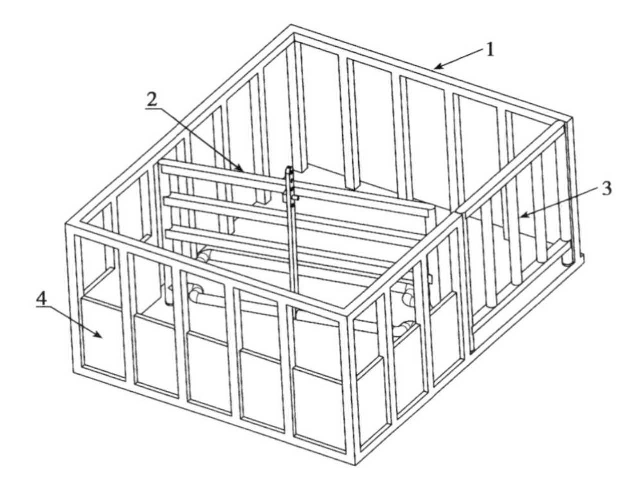

图 3-11-1　一种哺乳母猪福利产床的立体示意图

1-栏体；2-活动栏；3-栏门；4-仔猪挡板

图 3-11-1 为本研究提供的一种哺乳母猪福利产床的实施例的立体示意图；图 3-11-2 为本研究提供的一种哺乳母猪福利产床的实施例在第一使用状态的俯视图；图 3-11-3 为本研究提供的一种哺乳母猪福利产床的实施例在第二使用状态的俯视图。

如图所示，为本实施例提供的一种哺乳母猪福利产床，包括。

栏体 1，栏体 1 围成矩形产床空间；栏体 1 底部设置有产床地板；

活动栏 2，一端转动连接至产床空间的长边中部；产床地板上设置有至少 2 个锁定点 13，活动栏 2 的另一端可拆卸连接至锁定点 13 上；活动栏 2 将产床空间划分为仔猪活动区 11 和母猪活动区 12；

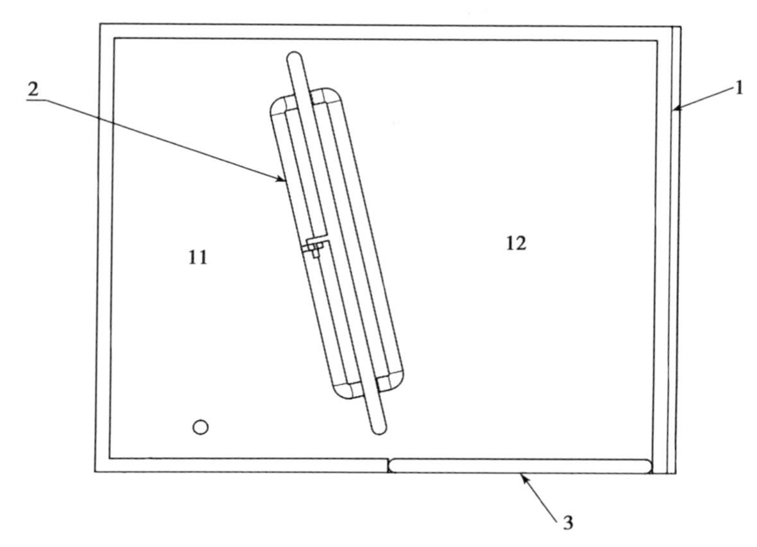

图 3-11-2 一种哺乳母猪福利产床在第一使用状态的俯视图

1-栏体；2-活动栏；3-栏门；11-仔猪活动区；12-母猪活动区

栏门 3，设置于母猪活动区 12 旁的栏体 1 上，供母猪进出。

可选的，还可以设置母猪用饲喂栏和仔猪用饲喂栏等，分别设置在母猪活动区 12 和仔猪活动区 11 旁的栏体 1 上即可。

参考附图 3-11-1 至附图 3-11-3 所示，活动栏 2 的两端分别有一处立柱，其中，1 个立柱转动连接至产床空间的长边所在侧，位于栏体 1 旁；而另一个立柱则可拆卸连接至锁定点 13 上。锁定点 13 固定设置于产床地板上，与设置有转动立柱相对的另一长边附近，应满足每个锁定点 13 与上述转动立柱之间的距离均相同，才能保证活动栏 2 的固定。

下面结合附图，对本实施例提供的哺乳母猪福利产床的工作方式进行说明。如图 3-11-2 所示，当需要对母猪进行饲喂，或对仔猪进行哺乳时，可以将活动栏 2 的可活动端固定至靠近母猪活动区 12 的锁定点 13 上，此时，母猪活动区 12 的范围小，不会进行大的动作，可以保证饲喂进食以及哺乳的顺利进行，还可以一定程度上防止母猪翻身等行为伤害仔猪；如图 3-11-3 所示，当需要母猪进行活动时，可以将活动栏 2 的可活动端固定至靠近仔猪活动区 11 的锁定点 13 上，此时，母猪活动区 12 范围大，母猪可以站立活动。

从上面可以看出，本实施例提供的哺乳母猪福利产床，充分考虑到了哺乳

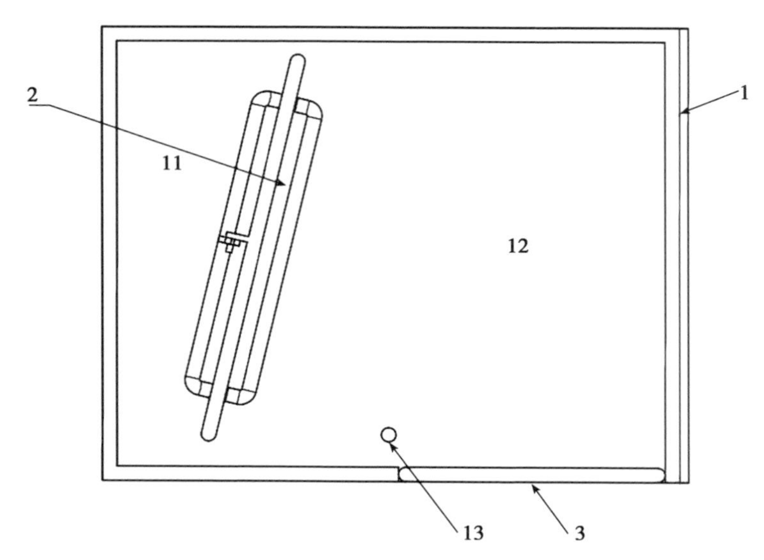

图 3-11-3　一种哺乳母猪福利产床在第二使用状态的俯视图

1-栏体；2-活动栏；3-栏门；11-仔猪活动区；12-母猪活动区；13-锁定点

母猪的生活状态，通过设置可转动的活动栏，实现了对于哺乳母猪活动空间大小的调节；同现有技术的产床相比，使用更加灵活，在不占用更多空间的前提下，达到了哺乳母猪的活动需求，满足动物福利。

参考图 3-11-1 所示，在一些可选的实施例中，仔猪活动区 11 旁的栏体 1 中下部，设置有板状、百叶窗状或栏状的仔猪挡板 4。

一方面，仔猪体型较小，若要防止仔猪跑出产床外则产床围栏要设置的较为密集，造成不必要的材料浪费；另一方面，仔猪体弱，需要额外提高保暖措施。因此，本实施例在仔猪活动区 11 旁的栏体 1 中下部设置了仔猪挡板 4；仔猪挡板 4 一方面可以防止仔猪跑出产床外，另一方面可以达到一定挡风御寒效果，保证仔猪体温，预防疾病。

需要说明的是，由于活动栏 2 是可转动的，因此，仔猪活动区 11 的大小是改变的，在设置仔猪挡板 4 时，应当以仔猪活动区 11 的最大范围为准。

图 3-11-4 为本研究提供的一种哺乳母猪福利产床的实施例中活动栏的立体示意图；图 3-11-5 为本研究提供的一种哺乳母猪福利产床的实施例中活动栏在第一状态下的侧视图；图 3-11-6 为本研究提供的一种哺乳母猪福利产床的实施例中活动栏在第二状态下的侧视图。

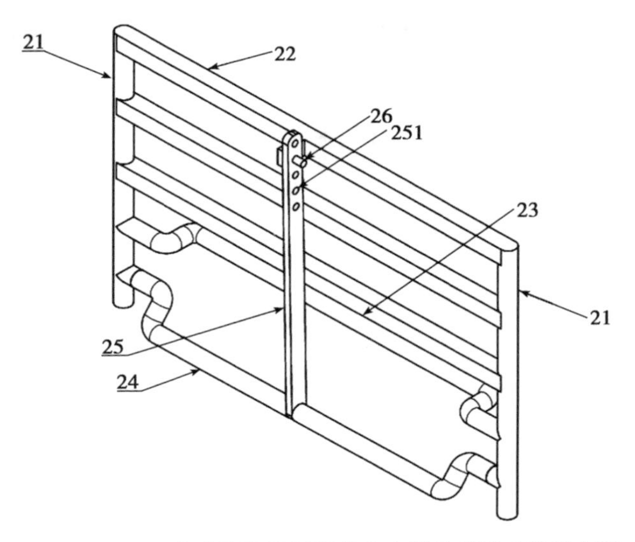

图 3-11-4 一种哺乳母猪福利产床中活动栏的立体示意图

21-立柱；22-横杆；23-防压杆；24-限位杆；25-定位标尺；26-定位销；251-定位孔

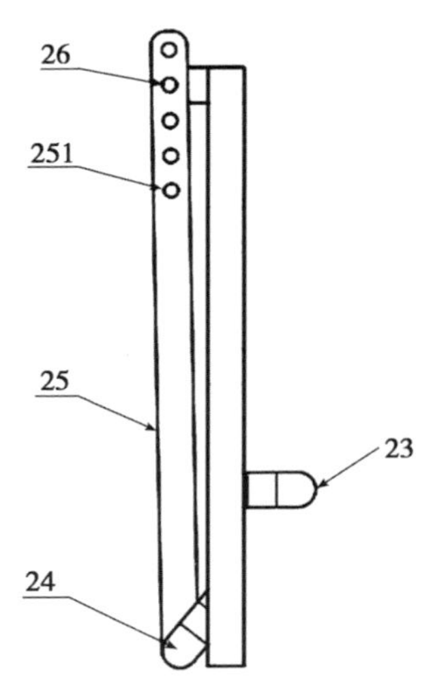

图 3-11-5 一种哺乳母猪福利产床中活动栏在第一状态下的侧视图

23-防压杆；24-限位杆；25-定位标尺；26-定位销；251-定位孔

如图所示，在一些可选的实施例中，活动栏 2 包括 2 个立柱 21、至少 1 个横杆 22 和至少 1 个防压杆 23；横杆 22 设置于立柱 21 之间，共同构成活动栏

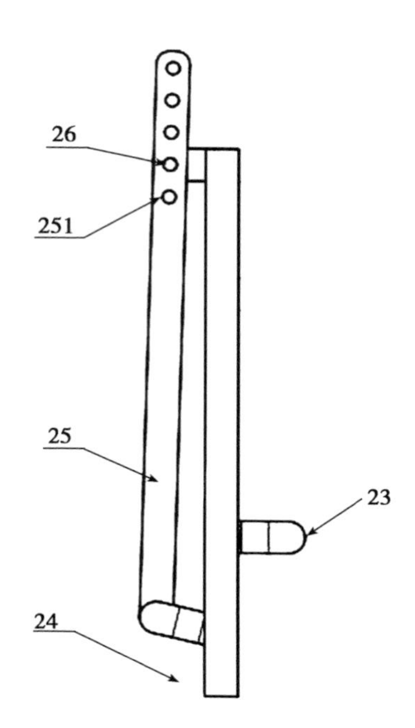

图 3-11-6　一种哺乳母猪福利产床中活动栏在第二状态下的侧视图

23-防压杆；24-限位杆；25-定位标尺；26-定位销；251-定位孔

2 的主体结构；防压杆 23 设置于立柱 21 之间，位于活动栏 2 中下部，防压杆 23 中部朝向母猪活动区 12 凸出。

本实施例进一步对活动栏 2 的具体结构进行了说明。为了防止母猪躺卧哺乳时意外压到仔猪，在活动栏 2 中下部位置设置有防压杆 23，且防压杆 23 中部朝向母猪活动区 12 一侧凸出。当母猪躺卧时，若靠近活动栏 2，则会躺卧至防压杆 23 上，不会直接躺卧至产床地板，可以有效防止压到仔猪。

进一步，在一些可选的实施方式中，活动栏 2 还包括限位杆 24、定位标尺 25 和定位销 26；限位杆 24 设置于立柱 21 之间，位于防压杆 23 下方，限位杆 24 两端均与立柱 21 转动连接；限位杆 24 中部朝向仔猪活动区 11 凸出；定位标尺 25 下端转动连接至限位杆 24 中部，定位标尺 25 上部设置有至少 2 个定位孔 251；横杆 22 上设置有与定位孔 251 配合的定位销 26；当定位销 26 与不同定位孔 251 配合固定时，限位杆 24 的凸出部分处于不同高度。

参考附图 3-11-5、图 3-11-6 所示，在本实施方式中，进一步在防压杆 23 下方设置有限位杆 24，限位杆 24 在放低时，可以阻挡仔猪通过，保证母猪自由活动，在抬高时，则可以允许仔猪通过，方便母猪进行哺乳。为了适应仔猪体型变化，本实施例采用定位标尺 25 对限位杆 24 的高度进行调整，当定位标尺 25 的不同定位孔 251 与设置于顶部横杆 22 上的定位销 26 进行配合固定时，限位杆 24 会通过转动从而固定于不同高度，从而可以避免不同体型仔猪穿越限位杆 24。

本技术申请了国家专利保护，专利申请号为：2017 2 0216432 5

3.12 一种哺乳母猪保育栏漏粪地板

3.12.1 技术领域

本研究涉及畜牧养殖技术领域，特别是指一种哺乳母猪保育栏漏粪地板。

3.12.2 背景技术

因为哺乳母猪保育舍的环境温度较高，导致哺乳母猪保育栏上面的粪便清理对于保育舍内的环境，尤其是空气质量影响较大，因此，出现了不同形式的哺乳母猪保育栏的漏粪地板模式。但现有设计中的漏粪地板的表面层设计不合理，母猪排粪不便，漏粪效率低，特别是大多数漏粪地板表面光滑，导致产床母猪在站起时打滑，影响了母猪的正常生理如哺乳等。因此，本研究希望提出一种既能够有效漏出粪便，又能够方便哺乳母猪活动的漏粪地板。

3.12.3 解决方案

有鉴于此，本研究的目的在于提出一种哺乳母猪保育栏漏粪地板。

基于上述目的本研究提供的一种哺乳母猪保育栏漏粪地板，包括栏板、侧板和固定杆；栏板呈长条形，其中部向下凹陷形成辅助站立部，其余部分保持水平形成卧部；侧板为平板，固定杆为截面呈圆形的直杆；侧板有两块，相对设置；栏板有多个，栏板垂直于侧板，其两端分别固定于两侧板上，栏板之间平行，相邻栏板之间距离相等；固定杆垂直栏板设置于栏板下部，固定杆两端分别固定至侧板。

进一步，栏板的上表面交替设置有上凸的凸部和下凹的凹部；凸部的上表面水平，与凹部连接处倒圆角；凹部呈半圆形。

进一步，辅助站立部有多个，相邻两辅助站立部之间设置有等长的卧部。

进一步，侧板外部设置有固定件。

进一步，固定件为向下翻折的直板，呈挂钩状。

进一步，相邻栏板之间的距离为单一栏板宽度的0.5~1.5倍。

进一步，相邻栏板之间的距离与单一栏板的宽度相等。

从上面可以看出，本研究提供的一种哺乳母猪保育栏漏粪地板，通过设置下凹的辅助站立部，以及在栏板上表面设置凹部，为猪只提供了站立时的借力点，使其在站立过程中不会打滑，同时能够满足猪舍粪尿排出的要求，结构简单便于制造，具备较高的实用性。

3.12.4 附图说明

为使本研究的目的、技术方案和优点更加清楚明白，以下结合具体实施例，并参照附图，对本研究进一步详细说明。

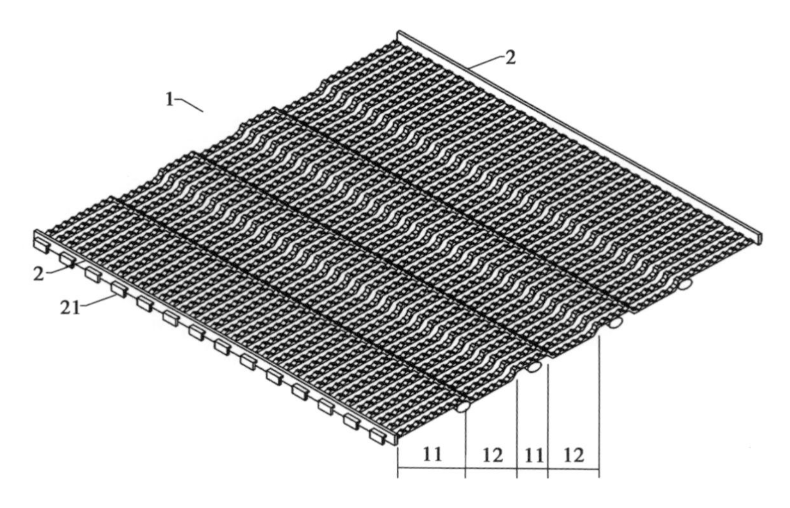

图 3-12-1 一种哺乳母猪保育栏漏粪地板的立体示意图

1-栏板；2-侧板；11-卧部；12-辅助站立部；21-固定件

图3-12-1为本研究提供的一种哺乳母猪保育栏漏粪地板的实施例的立体示意图。如图所示，本实施例提供的一种哺乳母猪保育栏漏粪地板，包括栏板1、侧板2和固定杆3；栏板1呈长条形，其中部向下凹陷形成辅助站立部12，其余部分保持水平形成卧部11；侧板2为平板，固定杆3为截面呈圆形的直杆；侧板2有两块，相对设置；栏板1有多个，栏板1垂直于侧板，其两端分别固定于两侧板2上，栏板1之间平行，相邻栏板1之间距离相等；固定杆3垂直栏板1设置于栏板1下部，固定杆3两端分别固定至侧板2。

为了在工程上便于制造，栏板 1 的原始材料可以选用适宜直径的圆形金属管，并将其进一步弯曲加工成中部向下凹陷的形状。

多个栏板 1 平行排列，两端通过侧板 2 进行固定，底部通过垂直设置的额固定杆 3 进一步加固，完全可以承受母猪的重量。栏板 1 之间相隔一定距离，留出空隙，母猪的粪尿可以由此空隙漏下而不会积存，能够有效保持猪舍清洁。

在多个栏板 1 排列成型后，单一栏板 1 的辅助站立部 12 整体会形成一长方形的下凹区域，与卧部 11 形成一定高低差，并且辅助站立部 12 和卧部 11 交接处设置为倾斜的斜面。母猪在由躺卧状态试图站立时，其蹄部在寻找借力点时，可以踩踏至该斜面，从而便于借力站起。高低差的设置也便于母猪翻身时腿部的伸展，方便站立动作完成。

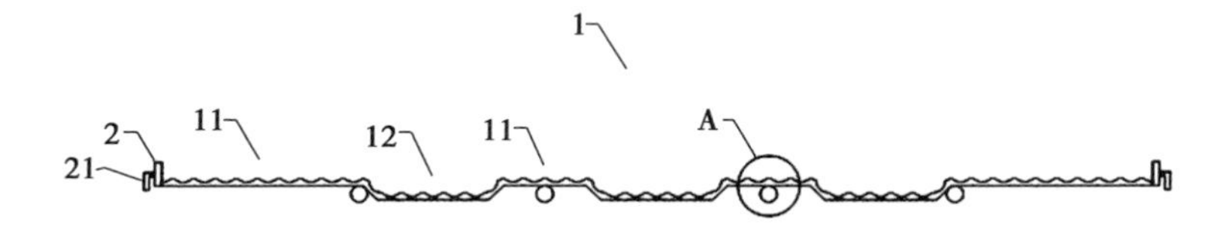

图 3-12-2　一种哺乳母猪保育栏漏粪地板的侧视图

1-栏板；2-侧板；11-卧部；12-辅助站立部；21-固定件

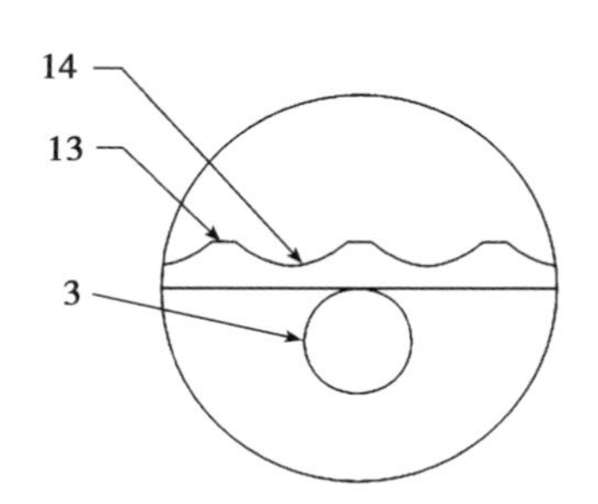

图 3-12-3　图 3-12-2 中 A 区域的放大示意图

3-固定杆；13-凸部；14-凹部

图 3-12-2 为本研究提供的一种哺乳母猪保育栏漏粪地板的实施例的侧视图，图 3-12-3 为图 3-12-2 中 A 区域的放大示意图。如图所示，在一较佳的实施方式中，栏板 1 的上表面交替设置有上凸的凸部 13 和下凹的凹部 14；凸部 13 的上表面水平，与凹部 14 连接处倒圆角；凹部 14 呈半圆形。

在主要实施例的基础上，为了防止母猪在试图站立时无法找到上述斜面借力，因此，在栏板 1 的上表面设置有凹凸的结构，母猪的蹄部可以在这些凹凸的结构上借力。当然，为了保持母猪躺卧时的舒适性，凸部 13 最高点和凹部 14 最低点之间的高低差不应过大，设置在 1~3cm 的范围内为宜，具体可以根据凸部 13 和凹部 14 的长度确定其高低差竖直。较佳的，凸部 13 和凹部 14 的长度均设置为 5cm，其高低差设置为 2cm。

在一可选的实施方式中，辅助站立部 12 有多个，相邻两辅助站立部 12 之间设置有等长的卧部 11。即无论母猪卧于何处，总能找到最近的辅助站立部 12 实施站立动作。

在一可选的实施例中，侧板 2 外部设置有固定件 21。固定件 21 用于将本研究提供的漏粪地板固定于外部框架或其他固定点中。在一较佳的实施例中，固定件 21 为向下翻折的直板，呈挂钩状，可以直接悬挂于矩形框架的边沿，便于装配。

在可选的实施方式中，相邻栏板 1 之间的距离为单一栏板 1 宽度的 0. 5~1. 5 倍。这一距离不宜过宽，否则，可能会导致母猪或仔猪蹄部卡陷于栏板 1 之间，造成损伤；这一距离也不宜过窄，否则，粪便不容易漏下，难以清理。较佳的，相邻栏板 1 之间的距离与单一栏板 1 的宽度相等，栏板 1 的宽度设置为 3cm 左右为宜。

从上面可以看出，本研究提供的一种哺乳母猪保育栏漏粪地板，通过设置下凹的辅助站立部，以及在栏板上表面设置凹部，为猪只提供了站立时的借力点，使其在站立过程中不会打滑，同时，能够满足猪舍粪尿排出的要求，结构简单便于制造，具备较高的实用性。

本技术申请了国家专利保护，获得的专利授权号为：ZL 2016 2 0071568 7

3. 13　一种仔猪下料装置

3. 13. 1　技术领域

本研究涉及畜牧养殖设备技术领域，特别是指一种仔猪下料装置。

3. 13. 2　背景技术

“仔猪”指从出生到成长至 30kg 左右的小猪。在仔猪断奶后，通过一些人工诱导的方法可以促使仔猪对饲料产生采食欲望；采食饲料随日龄的增加而逐渐增多，一般到了 35 日龄左右便会出现贪食、抢食的现象而进入旺食期；

至60日龄之间，体重可增加1倍，每天增重可达0.5kg以上。因此，抓好苗猪旺食期的饲养，可促进苗猪快速增重，提前出栏，使养猪效益明显提高。

仔猪在旺食期需要稳定的饲料供给，以保证其采食数量。为了保证饲喂质量，现有技术通常由工作人员人工进行拌料、投喂。但由于仔猪进食欲望强烈，虽然在一天中存在集中进食的区间，但在其他时段仍然需要定时投放饲料，工作人员一天要进行多次的拌料、投喂，负担较重。

3.13.3 解决方案

有鉴于此，本研究的目的在于提出一种仔猪下料装置，用以实现仔猪饲料的自动拌料和投喂。

基于上述目的本研究提供的一种仔猪饲喂下料装置，包括。

主支架，用于为装置其他部分结构提供良好支撑；

料筒，通过料筒支架设置于主支架中部，料筒两侧还通过辅助支架连接至主支架；料筒底部开放，设置有料筒下开口；

内套筒，中空且上表面封闭、下表面开放，设置于料筒下开口下方；

外套筒，中空且上下表面均开放，套装于内套筒外部，与内套筒之间留有供饲料漏下的空隙；

分料机构，设置于内套筒上表面与料筒下开口之间；当分料机构启动时，带动料筒下开口处饲料移动，从内套筒与外套筒之间的空隙漏下；

注水机构，设置于内套筒内，启动时朝向下方注水；

料槽，设置于主支架下部，位于内套筒和外套筒下方。

可选的，分料机构包括电机、传动轴和分料桨叶；电机设置于主支架上部，分料桨叶设置于料筒下开口与内套筒上表面之间，电机通过传动轴连接至分料桨叶并能够带动分料桨叶转动。

可选的，分料桨叶上设置有至少4个独立桨叶，独立桨叶关于分料桨叶中轴圆周对称分布。

可选的，注水机构包括水管和出水口；水管的一端连接至外部供水设备，另一端连接至出水口，出水口设置于内套筒内；当供水设备供水时，出水口朝向下方出水。

可选的，出水口为增压喷头。

可选的，料槽的主体为底部水平的盆体；料槽中部设置有朝向上方凸起的分料凸台。

从上面可以看出，本研究提供的一种仔猪饲喂下料装置通过将干燥饲料与混合用水分离，采用分料机构自动将干燥饲料分入料槽内，通过自动注水进行混合，从而实现了拌料、投喂的自动化。与现有技术相比，可以有效减少人员劳动量，保证饲料新鲜度，提高饲喂效率和质量。

3. 13. 4 附图说明

为使本研究的目的、技术方案和优点更加清楚明白，以下结合具体实施例，并参照附图，对本研究进一步详细说明。

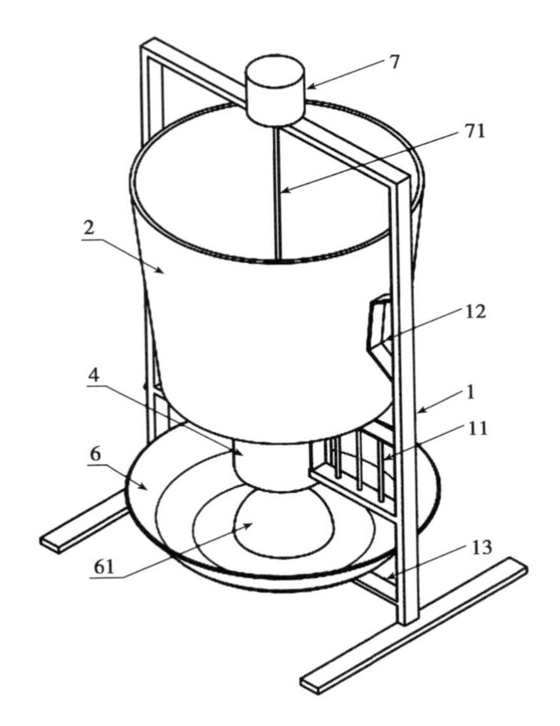

图 3-13-1 一种仔猪饲喂下料装置的立体示意图

1-主支架；2-料筒；4-外套筒；6-料槽；7-电机；11-料筒支架；12-辅助支架；13-辅助水平支架；61-凸台；71-传动轴

图 3-13-1 为本研究提供的一种仔猪饲喂下料装置的实施例的立体示意图；图 3-13-2 为本研究提供的一种仔猪饲喂下料装置的实施例的俯视图；图 3-13-3 为本研究提供的一种仔猪饲喂下料装置的实施例的主视剖视图。

如图所示，在本研究的一个实施例提供一种仔猪饲喂下料装置，包括。

主支架 1，用于为装置其他部分结构提供良好支撑。主支架 1 的细部结构

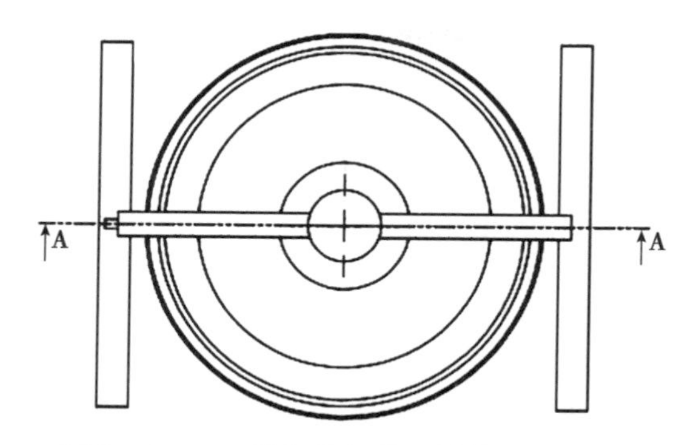

图 3-13-2 一种仔猪饲喂下料装置的俯视图

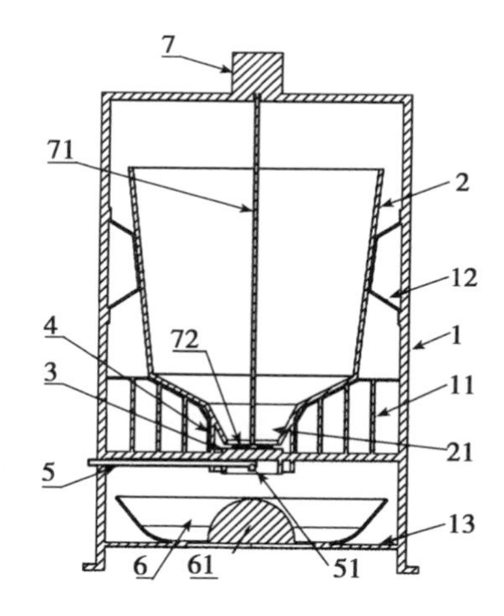

图 3-13-3 一种仔猪饲喂下料装置的主视剖视图

1-主支架；2-料筒；3-内套筒；4-外套筒；5-水管；6-料槽；7-电机；11-料筒支架；12-辅助支架；13-辅助水平支架；51-出水口；61-凸台；71-传动轴；72-分料桨叶

和具体材料并不需要限定，为了节约成本，使用角钢等材料制作也完全可行。需要注意的是，主支架 1 以及装置其他暴露部分的棱角需要进行倒角、打磨或包覆处理，以防止仔猪抢食时受伤。

料筒 2，通过料筒支架 11 设置于主支架 1 中部，料筒 2 两侧还通过辅助支架 12 连接至主支架 1；料筒 2 底部开放，设置有料筒下开口 21。料筒支架 11 主要用于承受料筒 2 及其内部饲料的重量，辅助支架 12 则用于辅助维持料筒

2竖直。

内套筒3，中空且上表面封闭、下表面开放，设置于料筒下开口21下方。内套筒3与料筒下开口21之前的距离不宜过大，此处预留空间是用于下料以及设置分料机构的，应当达到的效果是，当分料机构启动时，饲料可以被带动而流下；当分料机构停止时，饲料在相互之间的摩擦力等的作用下停止流下，而距离过大则会导致饲料不受限制地流动，影响阻料效果。

外套筒4，中空且上下表面均开放，套装于内套筒3外部，与内套筒3之间留有供饲料漏下的空隙。由于分料机构需要通过转动等形式带动饲料流下，为了防止因分料机构驱动过于猛烈导致部分饲料飞溅出料槽外部，因此，设置了外套筒4，对飞溅饲料进行阻挡。

分料机构，设置于内套筒3上表面与料筒下开口21之间；当分料机构启动时，带动料筒下开口21处饲料移动，从内套筒3与外套筒4之间的空隙漏下。分料机构一方面用于打散料筒下开口21附近的饲料，另一方面用于将饲料扫动至内套筒3上表面边缘处，促进饲料流下。

注水机构，设置于内套筒3内，启动时朝向下方注水，水与干燥饲料混合成为便于仔猪食用的粥样饲料。

料槽6，设置于主支架1下部，位于内套筒3和外套筒4下方。用于承接干燥饲料，提供饲料与水的混合空间。

本研究提供的一种仔猪饲喂下料装置通过将干燥饲料与混合用水分离，采用分料机构自动将干燥饲料分入料槽内，通过自动注水进行混合，从而实现了拌料、投喂的自动化。与现有技术相比，可以有效减少人员劳动量，保证饲料新鲜度，提高饲喂效率和质量。

在一些可选的实施例中，参考附图3，分料机构包括电机7、传动轴71和分料桨叶72；电机7设置于主支架1上部，分料桨叶72设置于料筒下开口21与内套筒3上表面之间，电机7通过传动轴71连接至分料桨叶72并能够带动分料桨叶72转动。

本实施例中进一步说明了分料机构的具体结构。本实施例采用了桨叶式结构，实现饲料的打散和推动；当分料桨叶72转动时，带动各独立桨叶空隙内的饲料朝向外部移动，此部分饲料漏下后，上方饲料下移补充，周而复始即可实现饲料的自动投放。特别的，此种投料方式的下料速度非常均衡可控，可以通过控制分料桨叶72的转动时间，对于投料量进行较为精确地控制，从而达到定量下料的效果。其中，电机7可以通过远程控制进行开关，配合同时地自动注水设备，实现远程投料；配合自动控制设备和定时机构，则可以实现定时、定量、自动投料。

在一些较佳的实施例中，分料桨叶 72 上设置有至少 4 个独立桨叶，独立桨叶关于分料桨叶 72 中轴圆周对称分布。独立桨叶数量过多，则会导致料筒下开口 21 处过于封闭，下料速度慢；而独立桨叶数量过少，则会导致转动时较为吃力，下料速度不均，难以控制。较为优良的选择是设置4~6 个独立桨叶，且独立桨叶的总面积与独立桨叶之间空隙的总面积的比值约为 1∶1，则可以在出料速度与可控度之间达到良好的平衡。

在一些可选的实施例中，注水机构包括水管 5 和出水口 51；水管 5 的一端连接至外部供水设备，另一端连接至出水口 51，出水口 51 设置于内套筒 3 内；当供水设备供水时，出水口 51 朝向下方出水。较佳的，出水口 51 为增压喷头。

将出水口 51 隐藏在内套筒 3 中，可以避免出水口 51 与干燥饲料的直接接触，防止饲料碎末在出水口 51 处溶解、结块，堵塞出水口 51。增压喷头可以提高水流与干燥饲料的混合效率，有益于仔猪进食。

可选的，料槽 6 的主体为底部水平的盆体；料槽中部 6 设置有朝向上方凸起的分料凸台 61。饲料下落至分料凸台 61 上之后，会自动分散至料槽 6 一周各处，仔猪在进食时不必进行过于激烈地抢食即可充分食用到饲料。

本技术申请了国家专利保护，专利申请号为：2016 2 1407565 2

3.14 一种仔猪辅助饲喂托盘

3.14.1 技术领域

本研究涉及畜牧养殖设备技术领域，特别是指一种仔猪辅助饲喂托盘。

3.14.2 背景技术

仔猪通常指从出生一直到体重增长至 30kg 左右的小猪。初生仔猪非常弱小，具有不耐低温、消化功能不完善、生长发育迅速等特点，因此，需要适当控制环境条件、提供适当饲料，并适量补充营养物质。在对仔猪进行饲喂时，除了使用普通饲喂槽投喂饲料外，通常还要使用托盘等盛放部分药品、营养物质等；但是现有技术中的饲喂托盘通常只是简单地摆放在猪栏地板上，由于仔猪存在抢食现象，且较为活泼好动，容易拱动托盘，导致托盘移动甚至打翻，造成药品和营养物质浪费，不利于饲养管理。

3.14.3 解决方案

有鉴于此，本研究的目的在于提出一种仔猪辅助饲喂托盘，用以防止仔猪进食时打翻托盘。

基于上述目的本研究提供的一种仔猪辅助饲喂托盘，包括。

托盘主体，托盘主体中部向上凸起，形成散料部；

套筒，竖直设置于托盘主体中部；套筒中空形成内腔，内腔上端开放；

连接轴和卡爪部；连接轴与内腔配合并设置于内腔内；连接轴下端与卡爪部相连接；卡爪部侧面设置有至少 2 处容纳槽，每个容纳槽下部通过弹簧轴与卡爪转动连接；当不受其他外力作用时，弹簧轴施力使卡爪朝向卡爪部外部转动；套筒靠近底部的侧面设置有与卡爪配合的卡爪槽；卡爪部下端与内腔底面之间设置有处于压缩状态的弹簧。

可选的，容纳槽内，位于弹簧轴旁、远离卡爪部处设置有限位块；当卡爪在弹簧轴施力作用下转动，并与限位块接触后，受到限位块阻挡而无法继续转动。

可选的，套筒内表面竖直设置有导轨，连接轴侧面设置有与导轨配合的凸沿；当凸沿沿导轨运行时，卡爪与卡爪槽位置对应。

可选的，连接轴顶部设置有面积大于连接轴截面积的按压部。

可选的，套筒侧面上部固定有握把，握把朝向套筒外侧凸出。

从上面可以看出，本研究提供的仔猪辅助饲喂托盘，通过在托盘中部添加套筒、连接轴和卡爪部等结构，可以实现饲喂托盘与猪舍漏缝地板的可拆卸固定，使得仔猪在进食并拱动饲喂托盘时，饲喂托盘不会发生移动或被打翻，保证了投药和营养物质补充的效率，方便管理。

3.14.4 附图说明

为使本研究的目的、技术方案和优点更加清楚明白，以下结合具体实施例，并参照附图，对本研究进一步详细说明。

图 3-14-1 为本研究提供的；图 3-14-2 为本研究提供的；图 3-14-3 为本研究提供的一种仔猪辅助饲喂托盘的实施例的右视截面示意图。

如图所示，本研究实施例提供一种仔猪辅助饲喂托盘，包括：

托盘主体 1，托盘主体 1 中部向上凸起，形成散料部 11；套筒 2，竖直设置于托盘主体 1 中部；套筒 2 中空形成内腔，内腔上端开放；连接轴 3 和卡爪部 4；连接轴 3 与内腔配合并设置于内腔内；连接轴 3 下端与卡爪部 4 相连接；

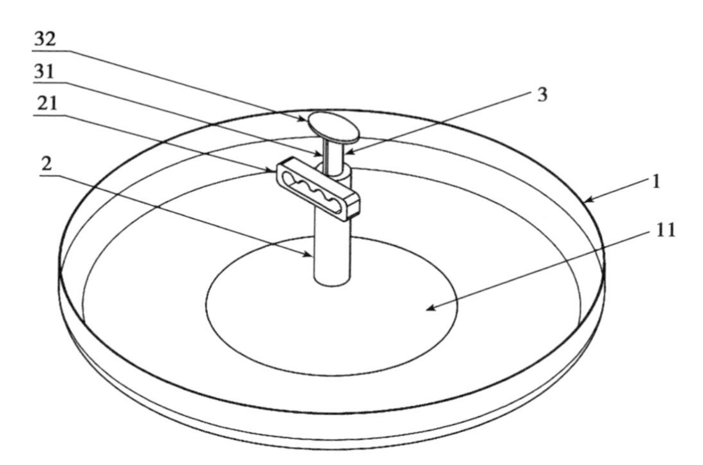

图 3-14-1　一种仔猪辅助饲喂托盘的立体示意图

1-托盘主体；2-套筒；3-连接轴；11-散料部；21-握把；31-下料端；32-料槽

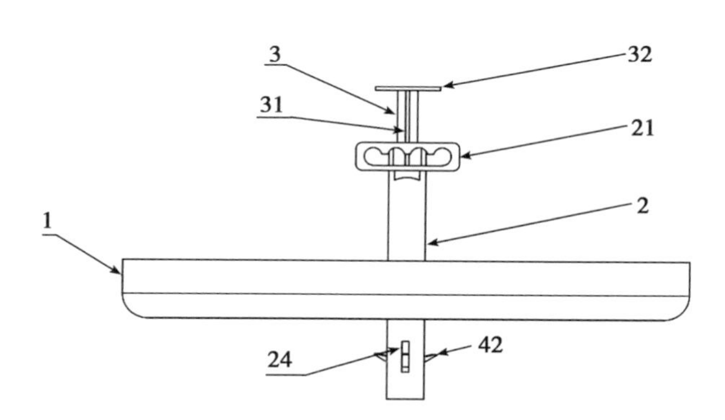

图 3-14-2　一种仔猪辅助饲喂托盘的主视图

1-托盘主体；2-套筒；3-连接轴；21-握把；24-卡爪槽；31-下料端；32-料槽；42-卡爪

卡爪部 4 侧面设置有至少 2 处容纳槽 41，每个容纳槽 41 下部通过弹簧轴与卡爪 42 转动连接；当不受其他外力作用时，弹簧轴施力使卡爪 42 朝向卡爪部 4 外部转动；套筒 2 靠近底部的侧面设置有与卡爪 42 配合的卡爪槽 24；卡爪部 4 下端与内腔底面之间设置有处于压缩状态的弹簧 44。

散料部 11 的功能是将添加至托盘主体 1 内的饲料等分散至托盘主体 1 内部四周，尽量避免仔猪抢食。散料部 11 中部到边缘高度逐渐降低，呈锥形、

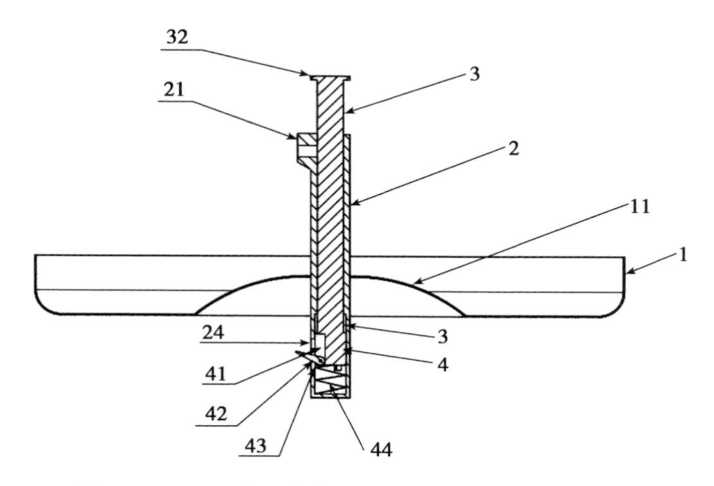

图 3-14-3　一种仔猪辅助饲喂托盘的右视截面示意图

1-托盘主体；2-套筒；3-连接轴；11-散料部；21-握把；24-卡爪槽；32-料槽；41-容纳槽；42-卡爪；43-限位块；44-弹簧

球面弧形或其他类似形状。

在不受其他外力作用的状态下，卡爪部 4 受到弹簧 44 的作用，有向上运动的趋势，此时卡爪 42 受到弹簧轴的作用，穿过卡爪槽 24 暴露于套筒 2 外部；当向下按压连接轴 3 的上端时，卡爪部 4 也向下运动，当卡爪 42 与卡爪槽 24 下边缘接触后，卡爪部 4 进一步运动时，卡爪 42 受到卡爪槽 24 阻挡，朝向卡爪部 4 内侧方向转动，直至完全收入容纳槽 41 内，此时可以将套筒 2 下端插入猪舍地板缝隙中，再停止向连接轴 3 施力，卡爪部 4 在弹簧 44 作用下上移，卡爪 42 在弹簧轴作用下自动弹出，卡爪 42 和托盘主体 1 底面卡合于猪舍地板上，实现了对于饲喂托盘的固定。在需要取走饲喂托盘时，只需要再次按压连接轴 3 上端使卡爪 42 再次收回，即可轻松将饲喂托盘取下。

从上面可以看出，本实施例提供的仔猪辅助饲喂托盘，通过在托盘中部添加套筒、连接轴和卡爪部等结构，可以实现饲喂托盘与猪舍漏缝地板的可拆卸固定，使得仔猪在进食并拱动饲喂托盘时，饲喂托盘不会发生移动或被打翻，保证了投药和营养物质补充的效率，方便管理。

在一些可选的实施例中，容纳槽 41 内，位于弹簧轴旁、远离卡爪部 4 处设置有限位块 43；当卡爪 42 在弹簧轴施力作用下转动，并与限位块 43 接触后，受到限位块 43 阻挡而无法继续转动。

参考图 3-14-3 所示可以看出，限位块 43 就设置于弹簧轴旁，基本与弹簧轴水平；当卡爪 42 转动至限位块 43 处时，会被其阻挡而无法进一步转动，从而实现了对卡爪 42 的定位。

在一些可选的实施例中，套筒 2 内表面竖直设置有导轨 23，连接轴 3 侧面设置有与导轨配合的凸沿 31；当凸沿 31 沿导轨 23 运行时，卡爪 42 与卡爪槽 23 位置对应。

为了防止连接轴 3 旋转，导致卡爪 42 与卡爪槽 23 位置不对应而无法弹出，因此，本实施例进一步在套筒 2 内表面设置有导轨 23，在连接轴 3 侧面设置于导轨 23 相配合的凸沿 31，当凸沿 31 设置于导轨 23 中时，保证卡爪 42 位置与卡爪槽 23 位置相对应，从而使连接轴 3 不会与套筒 2 发生相对转动，保证了卡爪 42 的顺利弹出。

在一些可选的实施例中，连接轴 3 顶部设置有面积大于连接轴 3 截面积的按压部 32。为了便于按压连接轴 3，本实施例进一步在连接轴 3 顶端设置了面积较大的按压部 32，避免手工按压时引起疼痛。

可选的，套筒 2 侧面上部固定有握把 21，握把 21 朝向套筒 2 外侧凸出。握把 21 的中部可以设置与人手指大致配合的孔洞，方便手指插入；握把 21 可以方便提拉仔猪辅助饲喂托盘，特别是在将饲喂托盘从漏缝地板取下时，一方面需要按压连接轴 3，另一方面需要施力上提，设置握把 21 可以大大方便这一操作过程。

本技术申请了国家专利保护，专利申请号为：2017 2 0215992 9

4 其他畜禽养殖设备专利技术

4.1 一种可称重蛋鸡饲喂装置

4.1.1 技术领域

本研究涉及蛋鸡饲喂技术领域，特别是指一种可称重蛋鸡饲喂装置。

4.1.2 背景技术

鸡蛋是饲养蛋鸡的主要收入来源，人们饲养蛋鸡的主要课题是提高鸡蛋质量和保持或提高产蛋量，而并非提高鸡肉品质。随着科学技术的发展，养殖技术也在不断进步，为了深入研究环境、饲料等因素对蛋鸡产蛋量的影响，需要对蛋鸡的生活状态进行全方位地监控，尤其对于饲料消耗量和产蛋量的关系进行评测。现有技术中，并没有一种可以有效测算饲料消耗量和产蛋量的装置，通常需要人工手动记录，不但不够精确，还浪费了大量人工成本。因此，提出一种能够称量蛋鸡饲料消耗量和产蛋量的饲喂装置，以节约人工成本、提高数据精确度是十分必要的课题。

4.1.3 解决方案

有鉴于此，本研究的目的在于提出一种可称重蛋鸡饲喂装置。

基于上述目的本研究提供的一种可称重蛋鸡饲喂装置，包括笼体、漏粪地板、料槽、缓冲地板和集蛋槽；笼体的至少一个侧面设置有栏杆，且设置有栏杆的侧面设置有笼门；笼体内部划分为进食区和巢区两个区域；进食区倾斜设置有漏粪地板，漏粪地板为网格状，其靠近笼门的一端低于其相对的另一端，笼体设置有栏杆的侧面外部与漏粪地板对应设置有料槽，料槽设置于料槽重量称上；巢区倾斜设置有缓冲地板，缓冲地板上表面覆盖有柔性材料，其靠近笼门的一端低于其相对的另一端，笼体设置有栏杆的侧面外部与缓冲地板对应设置有集蛋槽，集蛋槽设置于集蛋槽重量称上。

可选的，进食区设置有至少 1 个人造栖枝，人造栖枝为圆柱形的水平横杆，可拆卸地设置于漏粪地板上方。

可选的，笼体上表面内侧，对应进食区处设置有至少 1 个乳头饮水器。

可选的，乳头饮水器连接至外部的水箱，水箱设置于水箱称重器上。

可选的，漏粪地板下方设置有集粪抽屉，集粪抽屉通过设置于笼体侧面底部的开口插入或抽出。

可选的，集蛋槽靠近笼体的一侧开放，集蛋槽内侧底面不高于缓冲地板上表面最低处；集蛋槽内部设置有柔性缓冲材料。

从上面可以看出，本研究提供的一种可称重蛋鸡饲喂装置通过在笼体内划分进食区和巢区，明确了笼舍的功能区域；通过设置漏粪地板，保证了笼舍内的环境卫生；通过设置缓冲地板，保证了鸡蛋的质量；特别是通过设置料槽重量称和集蛋槽重量称，做到了对于蛋鸡进食状态和产蛋状态的实时监控，为科学、精确饲养，提高养殖产能提供了良好保障。

4.1.4 附图说明

为使本研究的目的、技术方案和优点更加清楚明白，以下结合具体实施例，并参照附图，对本研究进一步详细说明。

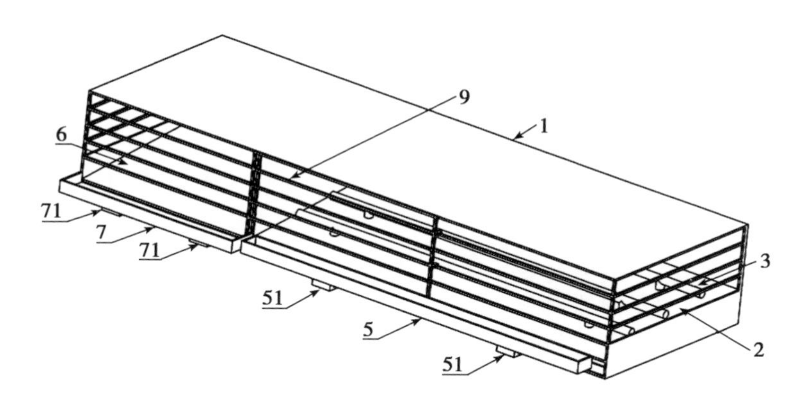

图 4-1-1 一种可称重蛋鸡饲喂装置的立体示意图

1-笼体；2-漏粪地板；3-人造栖枝；5-料槽；6-缓冲地板；7-集蛋槽；9-笼门；51-料槽重量称；71-集蛋槽重量称

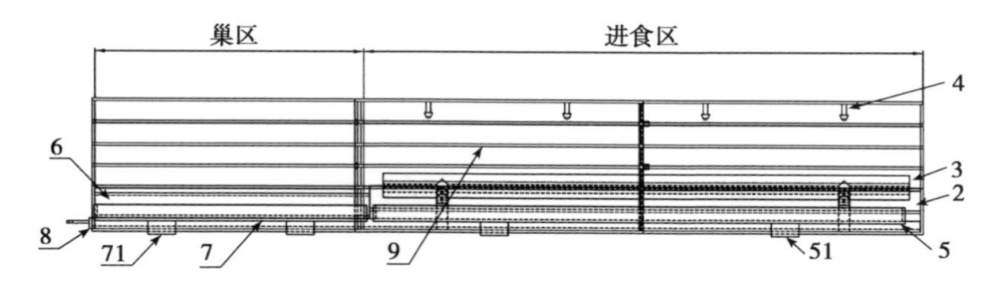

图 4-1-2　一种可称重蛋鸡饲喂装置的主视透视图

1-笼体；2-漏粪地板；3-人造栖枝；4-饮水器；5-料槽；6-缓冲地板；7-集蛋槽；8-集粪抽屉；9-笼门

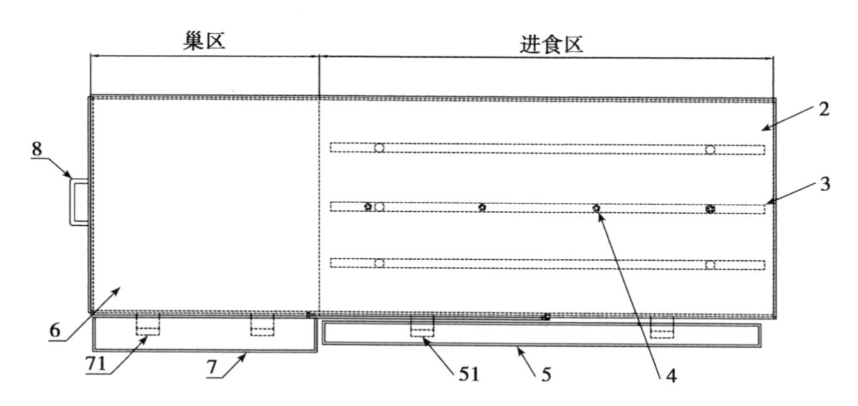

图 4-1-3　一种可称重蛋鸡饲喂装置的俯视透视图

2-漏粪地板；3-人造栖枝；4-饮水器；5-料槽；6-缓冲地板；7-集蛋槽；8-集粪抽屉；51-料槽重量称；71-集蛋槽重量称

图 4-1-1 为本研究提供的一种可称重蛋鸡饲喂装置的实施例的立体示意图；图 4-1-2 为本研究提供的；图 4-1-3 为本研究提供的一种可称重蛋鸡饲喂装置的实施例的俯视透视图；图 4-1-4 为本研究提供的一种可称重蛋鸡饲喂装置的实施例的左视透视图。

如图所示，本研究提供的一种可称重蛋鸡饲喂装置的实施例，包括笼体 1、漏粪地板 2、料槽 5、缓冲地板 6 和集蛋槽 7；笼体 1 的至少一个侧面设置有栏杆，且设置有栏杆的侧面设置有笼门 9；笼体 1 内部划分为进食区和巢区两个区域；进食区倾斜设置有漏粪地板 2，漏粪地板 2 为网格状，其靠近笼门 9 的一端低于其相对的另一端，笼体 1 设置有栏杆的侧面外部与漏粪地板 2 对应设置有料槽 5，料槽 5 设置于料槽重量称 51 上；巢区倾斜设置有缓冲地板

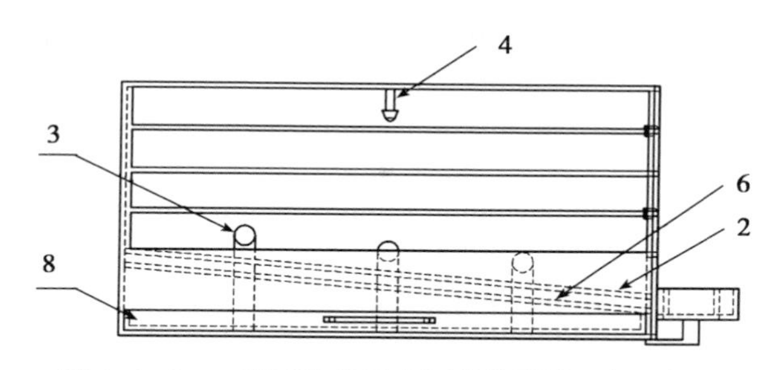

图 4-1-4 一种可称重蛋鸡饲喂装置的左视透视图

2-漏粪地板；3-人造栖枝；4-饮水器；6-缓冲地板；8-集粪抽屉

6，缓冲地板 6 上表面覆盖有柔性材料，其靠近笼门 9 的一端低于其相对的另一端，笼体 1 设置有栏杆的侧面外部与缓冲地板 6 对应设置有集蛋槽 7，集蛋槽 7 设置于集蛋槽重量称 71 上。

集蛋槽 7 靠近笼体 1 的一侧开放，集蛋槽 7 内侧底面不高于缓冲地板 6 上表面最低处；集蛋槽 7 内部设置有柔性缓冲材料。

本实施例将蛋鸡笼舍划分为两个区域，进食区和巢区，分别供蛋鸡进行进食和休息。在进食区设置有漏粪地板 2，漏粪地板 2 为网格状镂空设计（为了简化附图，附图中均未绘出漏粪地板 2 的网格），蛋鸡粪便可以从网格落下，保证了笼舍内的卫生，且在进食区旁设置有料槽 5，方便蛋鸡进食；漏粪地板 2 为倾斜式设计，在清理漏粪地板 2 上粘连的粪便时，可以便于粪便滑落；在巢区设置有缓冲地板 6，缓冲地板 6 上表面覆盖有柔性材料（如仿草料式材质），方便蛋鸡休憩，并在产蛋时提供缓冲保护；缓冲地板 6 为倾斜式设计，在巢区旁设置有集蛋槽 7，蛋鸡在缓冲地板 6 上产蛋后，鸡蛋会滚落至集蛋槽 7 中，方便收集。特别的，缓冲地板 6 低于漏粪地板 2，可以防止鸡蛋意外滚入进食区，被蛋鸡踩到引起破损或暗纹蛋，影响鸡蛋产率和质量。

特别的，在本实施例中，料槽 5 底部设置有料槽重量称 51，集蛋槽 7 底部设置有集蛋槽重量称 71；料槽重量称 51 和集蛋槽重量称 71 均连接至外部的通信模块，可以将重量信息实时发送至外部的服务器进行保存、处理。通过料槽重量称 51，可以实时监控蛋鸡的进食状况，统计一天中各个时间段、不同日期之间同一笼舍蛋鸡消耗的饲料重量；通过集蛋槽重量称 71，可以实时监控蛋鸡的产蛋状况，除了每天定时收集鸡蛋外，还可以根据集蛋槽重量称 71 的读数判断鸡蛋数量是否过多，是否需要提前收集，从而避免鸡蛋过多无法进入集蛋槽 7，滞留在巢区内被蛋鸡踩到引起破损或暗纹蛋，影响鸡蛋产率和质量。

从上面可以看出，本实施例提供的一种可称重蛋鸡饲喂装置通过在笼体内划分进食区和巢区，明确了笼舍的功能区域；通过设置漏粪地板，保证了笼舍内的环境卫生；通过设置缓冲地板，保证了鸡蛋的质量；特别是通过设置料槽重量称和集蛋槽重量称，做到了对于蛋鸡进食状态和产蛋状态的实时监控，为科学、精确饲养，提高养殖产能提供了良好保障。

在一可选的实施例中，可称重蛋鸡饲喂装置的进食区设置有至少 1 个人造栖枝 3，人造栖枝 3 为圆柱形的水平横杆，可拆卸地设置于漏粪地板 2 上方。

人造栖枝 3 供蛋鸡在进食区活动、进食时站立、休息。考虑到清洁问题，将人造栖枝 3 设置为可拆卸设计（例如，在人造栖枝底部设置竖直的插杆，在笼内底部设置相配合的底座，底座上设置插孔，使用时将人造栖枝的插杆插入底座插孔即可完成固定，拆卸时可直接取下）。

在一些可选的实施方式中，笼体 1 上表面内侧，对应进食区处设置有至少 1 个乳头饮水器 4，供蛋鸡饮水。可选的，乳头饮水器 4 连接至外部的水箱，水箱设置于水箱称重器上。为了进一步加强对于蛋鸡活动状况的监控，将水箱也设置于专用的水箱称重器上，以便监控蛋鸡的饮水量。

在一些可选的实施例中，漏粪地板 2 下方设置有集粪抽屉 8，集粪抽屉 8 通过设置于笼体 1 侧面底部的开口插入或抽出。蛋鸡粪便大部分会落于集粪抽屉 8 内，可以抽出抽屉后进行清扫。

本技术申请了国家专利保护，专利申请号为：2016 2 1244873 8

4.2 一种拼拆式家畜围栏

4.2.1 技术领域

本研究涉及养殖设施技术领域，特别是指一种拼拆式家畜围栏。

4.2.2 背景技术

母猪等家畜在养殖中经常要用到围栏，围栏的用途是将家畜圈养起来，起到方便管理的作用。为了便于饲养，围栏上通常还会设置喂食槽、饮水槽、温度计、加湿器等辅助设施。

目前，国内常用的养殖围栏大都是采用砖砌结构，这种围栏首先需要进行较为繁琐的施工，施工过程中的人工成本和材料成本较高，由于这种围栏的主体是水泥和砖，因此，施工的周期较长，施工完成后还需要等待水泥的固化，导致养殖场前期投入的经济成本和时间成本都比较大。

此外，现有技术中的养殖围栏相当于是一种固定的建筑设施，因而不具备可调节性和可扩展性，如果养殖场废弃或转移，养殖户也无法对围栏进行移动和回收。以上这些因素都无形中增加了养殖户的风险和负担。

4.2.3 解决方案

有鉴于此，本研究的目的在于提出一种拼拆式家畜围栏，该围栏具有模块化、可拆卸的特点，能够方便地进行布置、扩展、转移和回收。

基于上述目的，本研究提供的技术方案是：

一种拼拆式家畜围栏，该围栏包括围板和立柱，围板的两端具有膨大边缘，立柱包含第一夹板、第二夹板和中柱，第一夹板和第二夹板以中柱为轴铰接，第一夹板和第二夹板具有用于嵌入膨大边缘的竖向夹槽，第一夹板和第二夹板之间设有固定结构，固定结构包括分设于第一夹板和第二夹板上的连柄和滑道，连柄的一端与该连柄所在的第一夹板或第二夹板铰接，连柄的另一端设有滑块，滑块与滑道滑动连接，滑块上设有螺孔，螺孔内设有用于将滑块和滑道锁住的紧定螺钉。

滑道的结构可以是：滑道包含开口相对的两排凹槽，滑块嵌在两排凹槽之间，滑道的两端各有一个限位块。围板可以包含金属板层，且金属板层具有横向瓦楞。紧定螺钉的末端可以设有摩擦垫。立柱的底端可以设有固定盘，固定盘上可以设有固定螺孔。连柄可以具有背向中柱凸起的弧度。围板上可以设有窗口。

从上面的论述可以看出，本研究提供的家畜围栏主要是以围板和立柱作为基本组件，相对于现有技术中的砖砌围栏等固定式围栏，本研究在整体结构上具有模块化和可拼拆的特点，并且，一旦完成设置就可以尽快投入使用，无需等待水泥的固化，可谓“即建即用”，因而相对于现有技术来说还具备建设时间短、建设成本低、投入使用快等优势。

在本研究的实际使用中，养殖户可以根据自己的实际情况对围栏的大小和形状进行设计，并且只需要投入很小的成本就可以完成围栏的布置。在养殖过程中，也可以根据养殖规模的变化随时对围栏的布局进行必要修改。当养殖户出现特殊原因需要转移养殖场所，或者停止养殖活动时，该围栏还可以被非常方便地拆卸回收或转移，从而实现了对资源的节约和重复利用，进一步降低了养殖户的养殖成本。

此外，这种形式的围栏也便于围栏厂家的标准化和规模化生产，有利于实现传统农牧业的现代化改造。

总之，本研究具有结构简单、实施方便的特点，能够带来积极的社会经济效益，非常适合推广应用。

4.2.4 附图说明

为使本研究的目的、技术方案和优点更加清楚明白，以下结合具体实施例，并参照附图，对本研究进一步详细说明。

本研究实施例提供了一种拼拆式家畜围栏，该围栏包括围板和立柱，围板的两端具有膨大边缘，立柱包含第一夹板、第二夹板和中柱，第一夹板和第二夹板以中柱为轴铰接，第一夹板和第二夹板均具有用于嵌入膨大边缘的竖向夹槽，第一夹板和第二夹板之间设有固定结构，固定结构包括分设于第一夹板和第二夹板上的连柄和滑道，连柄的一端与该连柄所在的第一夹板或第二夹板铰接，连柄的另一端设有滑块，滑块与滑道滑动连接，滑块上设有螺孔，螺孔内设有用于将滑块和滑道锁住的紧定螺钉。

具体的，滑道的结构可以是：滑道包含开口相对的两排凹槽，滑块嵌在两排凹槽之间，滑道的两端各有一个限位块。

具体的，围板可以包含金属板层，且金属板层具有横向瓦楞。

具体的，紧定螺钉的末端可以设有摩擦垫。

具体的，立柱的底端可以设有固定盘，固定盘上可以设有固定螺孔。

具体的，连柄可以具有背向中柱凸起的弧度。

具体的，围板上可以设有窗口。

图 4-2-1 为一种拼拆式家畜围栏的结构示意图；图 4-2-2 为一种拼拆式家畜围栏围板和立柱连接结构的示意图；图 4-2-3 为图 4-2-2 中 A 部分的局部放大图；图 4-2-4 为图 4-2-2 中 B 部分的局部放大图。

如图所示，本研究提供的一种拼拆式家畜围栏的实施例，包含围板 1 和立柱 2，围板 1 的两端具有膨大边缘 11，立柱 2 包含第一夹板 22、第二夹板和中柱 21，第一夹板 22 和第二夹板以中柱 21 为轴铰接，第一夹板 22 和第二夹板均具有用于嵌入膨大边缘的竖向夹槽 221，第一夹板 22 和第二夹板之间设有固定结构，该固定结构包括设于第一夹板 22 上的滑道 25 以及设置于第二夹板上的连柄 24，连柄 24 的一端与第二夹板铰接，连柄 24 的另一端设有滑块 26，滑块 26 与滑道 25 滑动连接，滑块 26 上设有螺孔 261，螺孔内设有用于将滑块

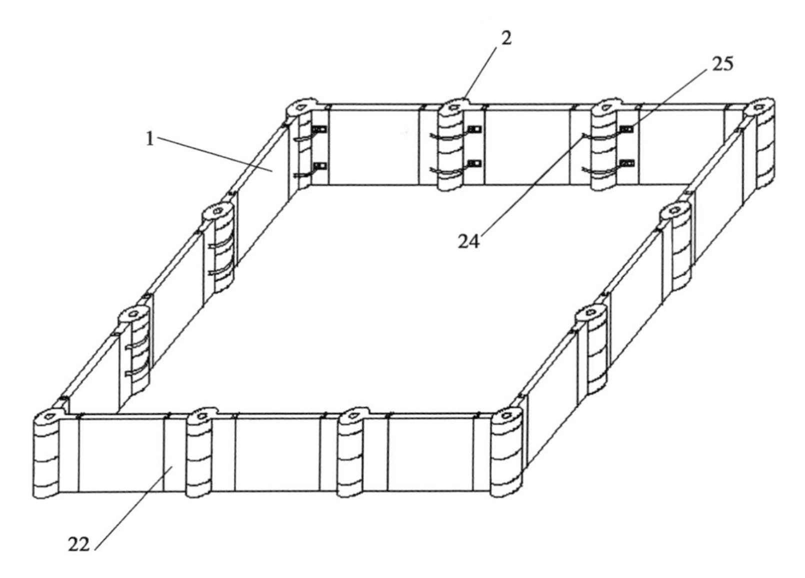

图 4-2-1 一种拼拆式家畜围栏的结构示意图

1-围板；2-立柱；22-第一夹板；24-连柄；25-滑道

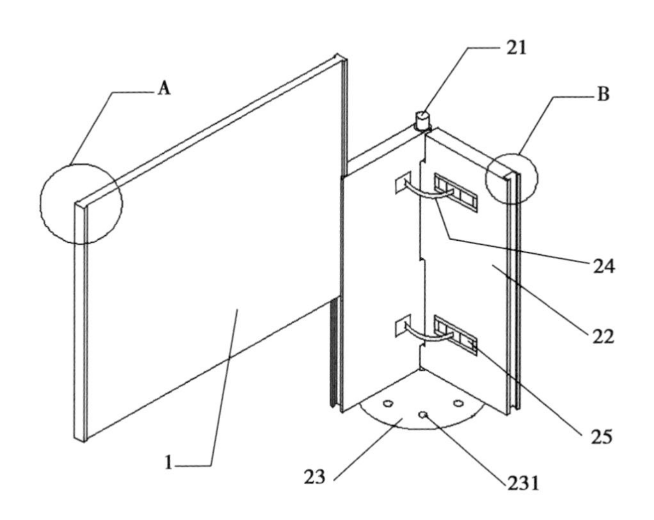

图 4-2-2 一种拼拆式家畜围栏围板和立柱连接结构的示意图

1-围板；22-第一夹板；23-铰接；24-连柄；25-滑道；231-铰接定位孔

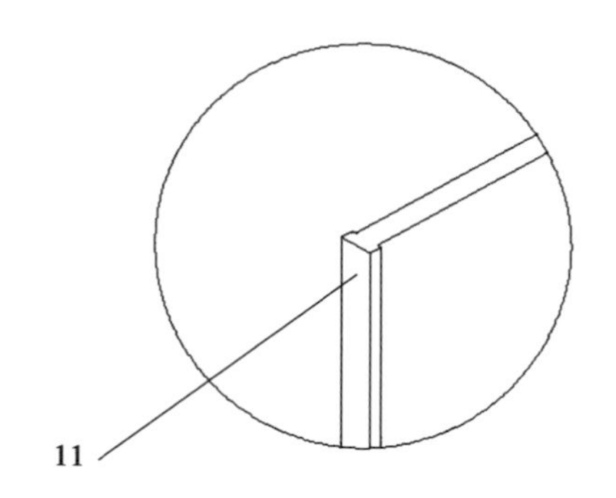

图 4-2-3　图 4-2-2 中 A 部分的局部放大图

11-膨大边缘

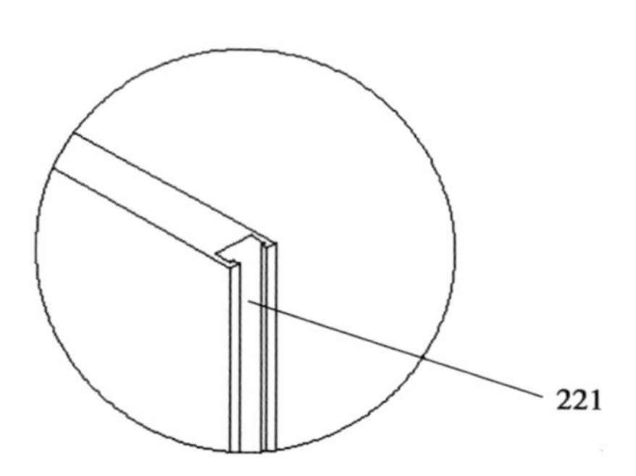

图 4-2-4　图 4-2-2 中 B 部分的局部放大图

221-竖向夹槽

26 和滑道 25 锁住的紧定螺钉。

养殖户在实施本实施例时，需要先对围栏的布局进行设计，然后，将立柱布置在地面上，并将两块夹板调整到合适的位置，接着将紧定螺钉锁紧，此时，两块夹板的张角就被固定下来，最后将围板的膨大边缘插入夹板的夹槽中即可完成整个围栏的设置。当然，围栏还需要与地面固定，这可以采用本领域技术人员能够想到的任何方式，比如，在地面上钻孔，并将立柱中的中柱插入地面孔内。

在上述实施例的基础上，还可以对本围栏的结构作进一步的改进，比如，在立柱的底部设置用于与地面固定的固定盘，固定盘上设有固定螺孔，则可以通过螺钉将立柱与地面固定；此外，为了增强紧定螺钉的紧定效果，可以在紧定螺钉的末端设置摩擦垫，以增大紧定螺钉与滑道的摩擦力；另一方面，围板上还可以设置用于喂食的窗口。

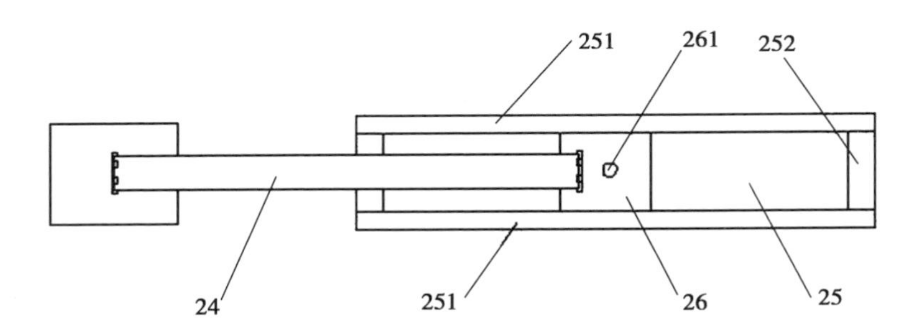

图 4-2-5　一种拼拆式家畜围栏中连柄和滑道的结构示意图

24-连柄；25-滑道；26-滑块；251-凹槽；252-限位块；261-螺孔

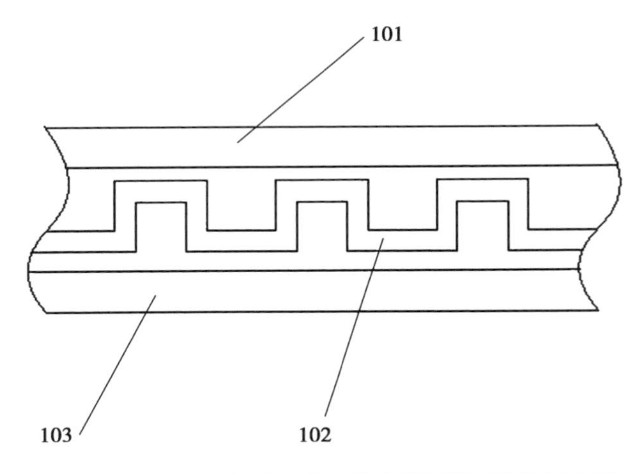

图 4-2-6　一种拼拆式家畜围栏中围板的层结构示意图

101-面板；102-金属板层

图 4-2-5 为一种拼拆式家畜围栏中连柄和滑道的结构示意图，其中，滑道 25 包含开口相对的两排凹槽 251，滑块 26 嵌在两排凹槽 251 之间，滑道 25 的两端还各设置了一个限位块 252。需要说明的是，本领域技术人员在以上叙述的基础上必然能够了解到，为使滑块 26 能够在滑道 25 中自由滑动，滑块 26 与连柄 24 必然也是采用铰接的连接方式。

图 4-2-6 为一种拼拆式家畜围栏中围板的层结构示意图给，其包含两面的面板 101 以及中间的金属板层 102，并且金属板层还具有相对于地面平行的

横向瓦楞，这种瓦楞结构可以大幅增加围板的强度。

此外，为了使两块夹板的夹角能够大于180°，还可以给连柄24设计出弧度，该弧度的凸起方向背向于中柱21。

通过以上论述可以看出，本研究实施例提供的家畜围栏主要以围板和立柱为基本组件，具有模块化和可拼拆的特点，相对于现有技术中的砖砌结构固定围栏来说具有建设时间短、建设成本低、投入使用快等优点。

在本研究实施例的实际使用中，养殖户可以根据自己的实际情况对围栏的大小和形状进行设计，并且，只需要投入很小的成本就可以完成围栏的布置。在养殖过程中，也可以根据养殖规模的变化随时对围栏的布局进行必要修改。当养殖户出现特殊原因需要转移养殖场所，或者停止养殖活动时，该围栏还可以被非常方便地拆卸回收或转移，从而，实现了对资源的节约和重复利用，进一步降低了养殖户的养殖成本。

此外，这种形式的围栏也便于围栏厂家的标准化和规模化生产，有利于实现传统农牧业的现代化改造。

总之，本研究实施例具有结构简单、实施方便的特点，能够带来积极的社会经济效益，非常适合推广应用。

本技术申请了国家专利保护，专利申请号为：2016 2 0831777 7

4.3 一种简易畜栏门

4.3.1 技术领域

本研究涉及畜牧养殖设备技术领域，特别是指一种简易畜栏门。

4.3.2 背景技术

畜栏门的设计一直是畜牧养殖行业的重点之一，在不同的场合，为了满足不同的需要，畜栏门的设计方式多种多样。鉴于畜牧养殖场所的环境条件，畜栏门应当具备坚固、耐用的基本特征；而现有的畜栏门大多在门体与门柱的连接处采用铰链固定，尽管门体和门柱都有很大的强度，但铰链部分强度不足，容易损坏；特别是铰链发生锈蚀后门体转动困难，难以满足畜牧养殖要求。

4.3.3 解决方案

有鉴于此，本研究的目的在于提出一种结构简单的简易畜栏门，用于解决上述问题。

基于上述目的本研究提供的一种简易畜栏门，包括平行设置的至少2个立柱和设置于立柱上的门体；立柱侧面设置有至少一处固定部，固定部上竖直设置有正方形的固定孔；门体侧面竖直设置有连接轴，连接轴的上部为与固定孔形状配合的固定连接部，连接轴的下部为圆形，且可插入固定孔中的转动连接部。

可选的，连接轴与门体之间通过连接板固定连接；连接板连接至固定连接部，连接板的下端面与固定连接部下端面之间的距离不小于固定孔的深度。

可选的，连接板上转动设置有限位体，限位体底端设置有朝向连接轴方向凸出的限位头；限位体与连接板的连接处位于限位体重心上方，当限位体在重力作用下稳定时，限位头自然卡合于固定部下表面。

可选的，在同一立柱上设置有至少2个固定部，门体上在对应位置设置有相同数量的连接轴。

可选的，转动连接部在竖直方向的长度不小于固定部的厚度。

可选的，转动连接部底部设置有限位沿，限位沿无法穿过固定孔。

从上面可以看出，本研究提供的一种简易牲畜门在门体与立柱的连接处采用了分段的承插式结构，利用材质刚性实现门体的固定，结构非常简单稳固，有效解决了现有技术中畜栏门的转动连接处耐用性差，强度低的问题。

4.3.4 附图说明

为使本研究的目的、技术方案和优点更加清楚明白，以下结合具体实施例，并参照附图，对本研究进一步详细说明。

图4-3-1为本研究提供的一种简易畜栏门的实施例的立体示意图；图4-3-2为本研究提供的一种简易畜栏门的实施例中立柱的立体示意图；图4-3-3为本研究提供的一种简易畜栏门的实施例的主视图。

如图所示，本实施例提供的一种简易畜栏门，包括平行设置的至少2个立柱1和设置于立柱1上的门体2；立柱1侧面设置有至少一处固定部11，固定部11上竖直设置有正方形的固定孔12；门体2侧面竖直设置有连接轴21，连接轴21的上部为与固定孔12形状配合的固定连接部211，连接轴21的下部为圆形，且可插入固定孔12中的转动连接部212。

参考附图所示，立柱1设置于底部基板3上，基板3可以指代地面或畜栏地板等。当门体2仅依靠重力设置于固定部11上时，连接轴21的固定连接部211会插入固定孔12内，根据形状设计无法转动，从而实现门体2的固定；

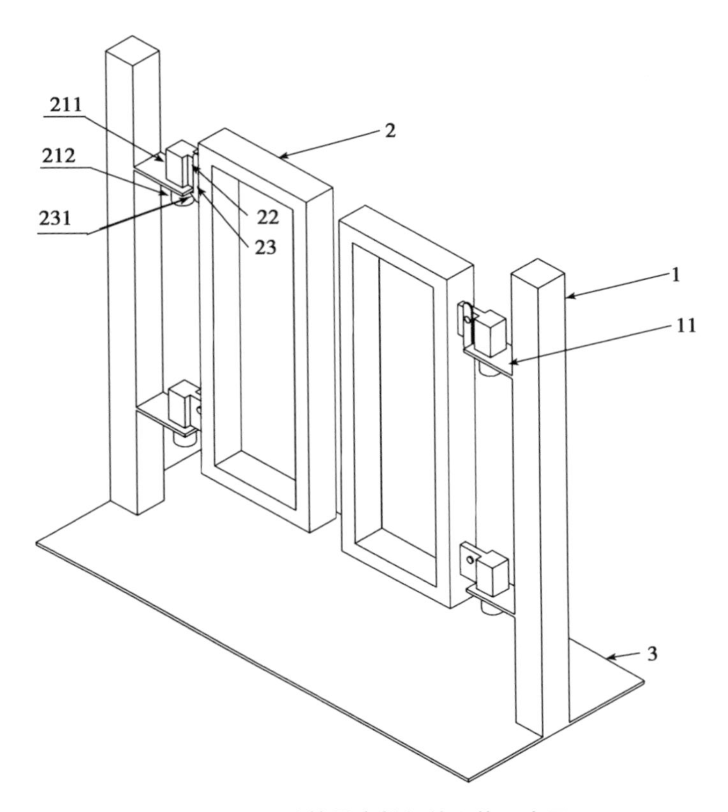

图 4-3-1　一种简易畜栏门的立体示意图

1-立柱；2-门体；3-基板；11-固定部；22-连接板；23-限位体；211-固定连接部；212-转动连接部；231-限位头

当需要转动门体时，只需要略微提起门体，使固定连接部 211 脱离固定孔 12，并使转动连接部 212 进入固定孔 12，由于转动连接部 212 为圆形，可以随意转动，此时可以转动门体；当门体转动 90 度后，又可以再次下放插入，进行固定。可见本实施例提供的简易畜栏门，可以实现门体 2 闭合和开启两个状态的切换，且不需采用合页等连接部件，转而在连接处采用了刚性的分段式承插式连接，可以通过设置较为厚实的固定部 11 以及连接轴 21 来获取极大的结构强度，部件强度大，结构简单，耐用性强。

从上面可以看出，本实施例中的简易牲畜门在门体与立柱的连接处采用了分段的承插式结构，利用材质刚性实现门体的固定，结构非常简单稳固，有效解决了现有技术中畜栏门的转动连接处耐用性差，强度低的问题。

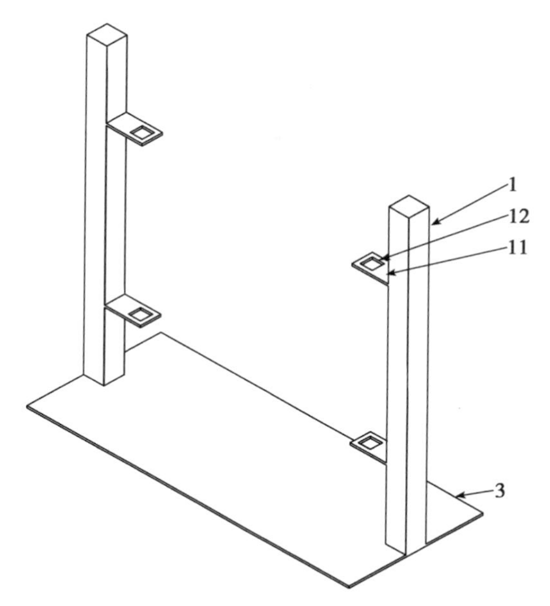

图 4-3-2 一种简易畜栏门中立柱的立体示意图

1-立柱；3-基板；11-固定部；12-固定孔

在一些可选的实施例中，连接轴 21 与门体 2 之间通过连接板 22 固定连接；连接板 22 连接至固定连接部 211，连接板 22 的下端面与固定连接部 211 下端面之间的距离不小于固定孔 12 的深度。

为了便于连接轴 21 顺利转动，并保证连接轴 21 与门体 2 之间的连接强度，故在连接轴 21 与门体 2 之间采用连接板 22 相互固定连接。参考附图可见，连接板 22 的两端分别连接至固定连接部 211 的中上部，以及门体 2 侧面，连接板 22 的面积较大，因此具备良好的结构强度，可以保障门体 2 的固定。连接板 22 的下端面与固定连接部 211 下端面之间留有一定距离，该距离不小于固定孔 12 的深度，以保证当固定连接部 211 插入固定孔 12 时，可以充分受到固定孔 12 的固定作用，保证其强度。

在一些可选的实施例中，连接板 22 上转动设置有限位体 23，限位体 23 底端设置有朝向连接轴 21 方向凸出的限位头 231；限位体 23 与连接板 22 的连接处位于限位体 23 重心上方，当限位体 23 在重力作用下稳定时，限位头 231 自然卡合于固定部 11 下表面。

参考附图所示，为了防止门体 2 被牲畜拱动、上升而脱离固定状态，本实

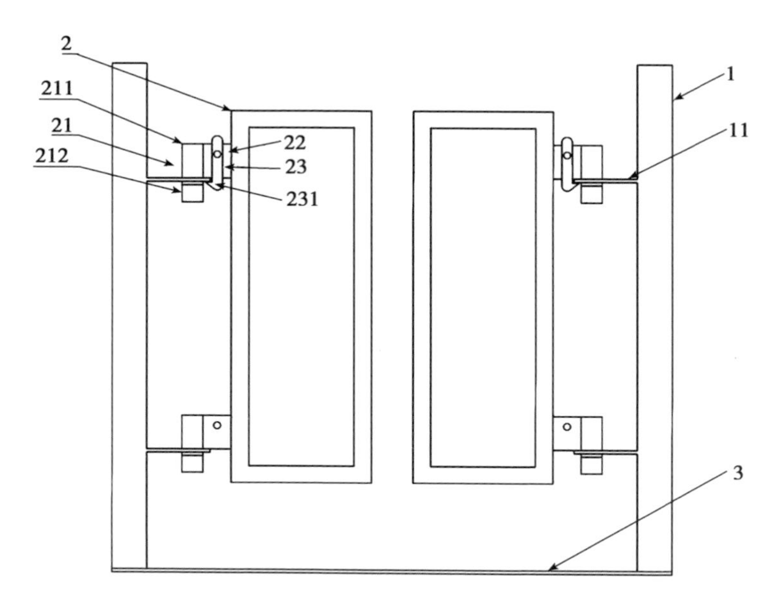

图 4-3-3　一种简易畜栏门的主视图

1-立柱；2-门体；3-基板；11-固定部；21-连接轴；22-连接板；23-限位体；211-固定连接部；212-转动连接部；231-限位头

施例在连接板 22 处进一步设置了限位体 23。在限位体 23 底端设置有向连接轴 21 一侧凸出的限位头 231，由于限位体 23 的转动连接处位于其重心上方，因此在重力作用下，限位体 23 会近似保持竖直状态，此时限位头 231 自然处于固定部 11 下表面附近，如果此时直接抬起门体 2，则限位头 231 会与固定部 11 下表面发生接触并阻止门体 2 进一步抬升，从而，避免了门体 2 的意外转动。当需要转动门体 2 时，只要转动限位体 23，使限位头 231 离开固定部 11 下表面即可抬起门体，简单易用。

在一些可选的实施例中，在同一立柱 1 上设置有至少 2 个固定部 11，门体 2 上在对应位置设置有相同数量的连接轴 21。多个固定部 11 和对应数量的连接轴 21 可以进一步提高门体 2 的连接强度。需要说明的是，在设置限位体 23 时，只需要设置在一处连接轴 21 对应的连接板 22 上即可，为了便于进行操作，优选地设置于最上方的连接板 22 上。

在一些可选的实施例中，转动连接部 212 在竖直方向的长度不小于固定部 11 的厚度。在提起门体 2 时，若转动连接部 212 从固定孔 12 中脱落则需要重新插入，引起不必要的麻烦，本实施例中，通过设置较为长的转动连接部

212，来避免门体 2 意外脱落。

可选的，转动连接部 212 底部设置有限位沿，限位沿无法穿过固定孔 12。限位沿的形状并不需加以限定，只要其外形无法通过固定孔 12，并与转动连接部 212 相互固定即可，这样在提起门体 2 时，转动连接部 212 就不会从固定孔 12 内脱落。较佳的，为了便于建议畜栏门的安装，限位沿可以采用螺纹等可拆卸连接方式连接至转动连接部 212 底部。

本技术申请了国家专利保护，专利申请号为：2017 2 0216434 4

4.4 一种饲喂栏

4.4.1 技术领域

本研究涉及畜牧养殖设备技术领域，特别是指一种饲喂栏。

4.4.2 背景技术

现有的饲喂栏，通常包括一使用铰链等结构连接的栏门，供牲畜出入；而为了保证牲畜不至逃逸，通常要设置较为坚固的栏门。对于横向开启的栏门来说，无论栏门是否开启，其连接部分的铰链等长期承受门体重量，易发生变形等问题；另一方面，现有的栏门通常依靠一定形式的锁定机构闭锁栏门，而长期使用中闭锁机构易发生锈蚀等老化问题。现有的一些产品通过加强铰链结构提高栏门的耐用性，但治标不治本，难以彻底解决栏门连接部分易损坏、闭锁机构老化失效的问题。

4.4.3 解决方案

有鉴于此，本研究的目的在于提出一种饲喂栏，用以解决现有技术中饲喂栏栏门连接部分易损坏的问题。

基于上述目的本研究提供的一种饲喂栏，包括用于围成饲喂区域的主体，其特征在于，还包括栏门；主体设置有至少 1 个开放侧面，主体的其他侧面设置有用于阻隔的栏杆；栏门活动连接至开放侧面上，可沿主体表面进行升降运动。

可选的，开放侧面为母线平行于地面的正圆柱面；栏门形状与开放侧面形状配合。

可选的，栏门的下边缘下降至与主体下表面接触时，栏门的轴线位于主体下表面上方。

可选的，开放侧面的两侧边缘分别设置有立柱，立柱上设置有导向结构；栏门两侧分别设置有滑动结构；滑动结构活动设置于导向结构中，并可沿导向结构运动。

可选的，导向结构包括与开放侧面形状相符的导轨，滑动结构包括与导轨配合的凸起部。

可选的，导轨上部宽度增加，形成转动区；导轨及转动区的形状和尺寸分别被设置为，凸起部无法在导轨内转动，且可在转动区内转动。

可选的，栏门朝向主体内部的侧面光滑。

可选的，栏门上设置有供抓握的抓握部；抓握部为设置于栏门背向主体内部的侧面上的凸出部分，或者为设置于栏门上部的镂空部分。

可选的，沿主体底面中部，设置有朝向上方凸起的防卧杆。

从上面可以看出，本研究提供的饲喂栏通过将栏门由水平开启转变为升降开启，避免使用了容易损坏的铰链结构，且笼门关闭时与主体的连接部分受力很小或不受力，从而减小了连接部分的损耗，提高了使用寿命；另一方面，本实施例中的栏门依靠自重进行锁闭，不需要增设额外的锁闭机构，结构简单，避免了锁闭机构可能发生的损坏。

4.4.4 附图说明

为使本研究的目的、技术方案和优点更加清楚明白，以下结合具体实施例，并参照附图，对本研究进一步详细说明。

图 4-4-1 为本研究提供的一种饲喂栏的实施例以栏门内侧为观察视角的立体示意图；图 4-4-2 为本研究提供的一种饲喂栏的实施例以栏门外侧为观察视角的立体示意图；图 4-4-3 为本研究提供的一种饲喂栏的实施例的侧视图。

如图所示，基于上述目的，在本研究实施例的一个方面，提供一种饲喂栏，包括用于围成饲喂区域的主体 1，还包括栏门 2；主体 1 设置有至少 1 个开放侧面 11，主体 1 的其他侧面设置有用于阻隔的栏杆；栏门 2 活动连接至开放侧面 11 上，可沿主体 1 表面进行升降运动。

本实施例中的主体 1 围成规则形状的饲喂区域，以便于规模化设置。饲喂区域的较佳可选形状是矩形，此时较佳的选择是将饲喂区域的一条短边对应的主体 1 侧面设置为开放侧面 11，以供牲畜出入。主体 1 的其他侧面设置有用于阻隔牲畜的栏杆。特别的，本实施例中的栏门 2 活动连接至开放侧面 11，

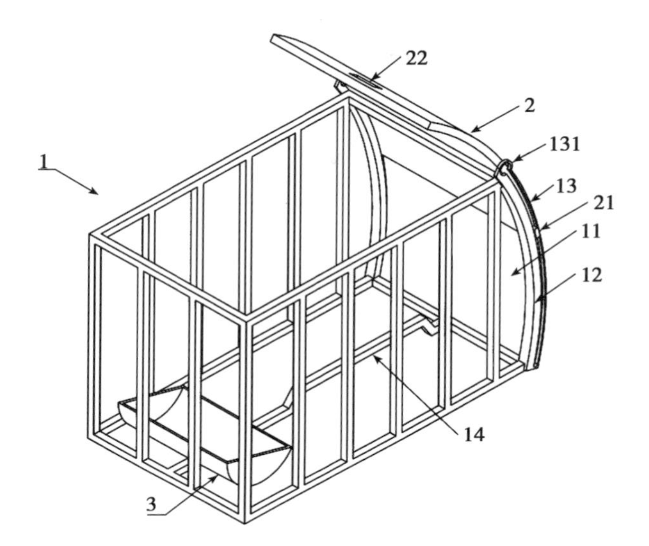

图 4-4-1　一种饲喂栏以栏门内侧为观察视角的立体示意图

1-主体；2-栏门；3-料槽；11-开放侧面；12-立柱；13-导轨；14-防卧杆；21-凸起部；22-抓握部；131-转动区

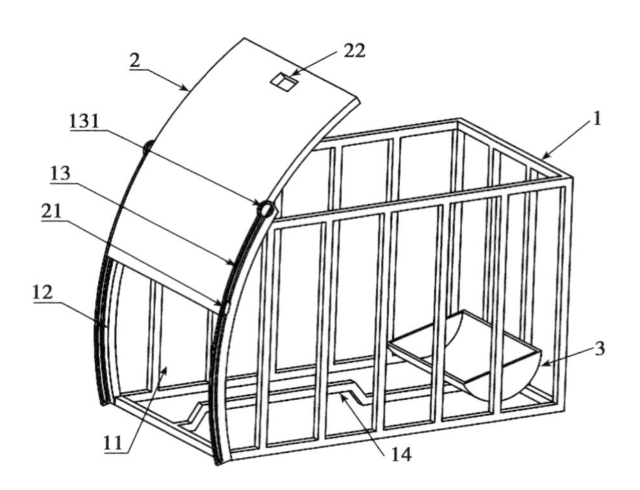

图 4-4-2　一种饲喂栏以栏门外侧为观察视角的立体示意图

1-主体；2-栏门；3-料槽；12-立柱；13-导轨；14-防卧杆；21-凸起部；22-抓握部；131-转动区

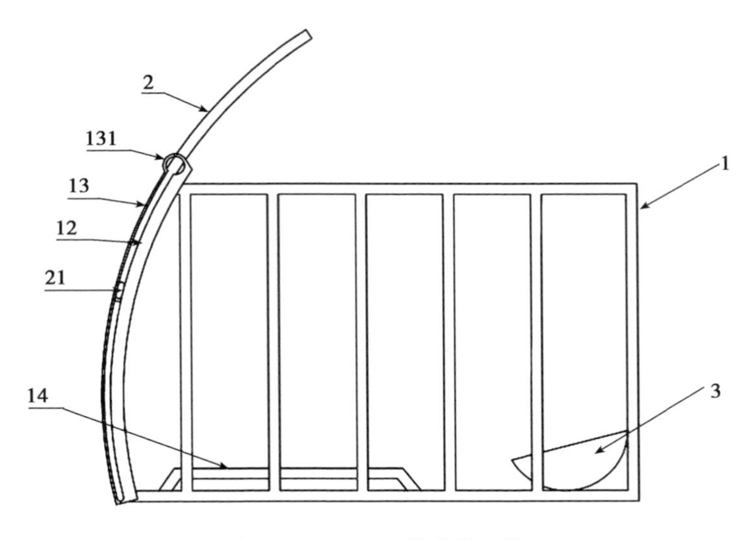

图 4-4-3　一种饲喂栏的侧视图

1-主体；2-栏门；3-料槽；12-立柱；13-导轨；14-防卧杆；21-凸起部；131-转动区

可沿主体 1 表面进行升降运动；当栏门 2 降至底部，栏门 2 的下边缘与主体 1 底面接触时，栏门 2 受力主要由主体 11 下边缘或底部固定板提供。所以与现有技术中的饲喂栏栏门对比，本实施例中的栏门没有使用铰链等较为脆弱的连接结构，并且在栏门关闭时，栏门与主体的连接处受力很小或不受力，减小了连接部分的损耗。

从上面可以看出，本实施例提供的饲喂栏通过将栏门由水平开启转变为升降开启，避免使用了容易损坏的铰链结构，且笼门关闭时与主体的连接部分受力很小或不受力，从而减小了连接部分的损耗，提高了使用寿命；另一方面，本实施例中的栏门依靠自重进行锁闭，不需要增设额外的锁闭机构，结构简单，避免了锁闭机构可能发生的损坏。

在一些可选的实施例中，开放侧面 11 为母线平行于地面的正圆柱面；栏门 2 形状与开放侧面 11 形状配合。

本实施例进一步提供了一种开放侧面 11 的优选形状。通过将开放侧面 11 设置为母线平行于地面的正圆柱面，并将栏门 2 设置为与开放侧面 11 配合的形状，可以将栏门 2 的运动轨迹限制为圆弧的一部分。若开放侧面 11 设置为平面，则开启时的受力为竖直方向，容易被牲畜顶起；而本实施将开放侧面

11 和栏门 2 设置为圆弧面，开启时栏门 2 的受力方向为受力点在圆弧面上的切向，随着栏门 2 的运动受力方向不断变化，使得牲畜更加难以自主开启，提高了闭锁强度。

在一些优选的实施方式中，栏门 2 的下边缘下降至与主体 1 下表面接触时，栏门 2 的轴线位于主体 1 下表面上方。

本优选实施方式的目的是，通过限制栏门的形状，来控制栏门的受力方向。当栏门的轴线满足上述条件时，当牲畜推顶栏门时，栏门所受到的压力在竖直方向上的分力有大概率是向下的，所以，栏门很难升起，从而，保证了闭锁强度。

在一些可选的实施例中，开放侧面 11 的两侧边缘分别设置有立柱 12，立柱 12 上设置有导向结构；栏门 2 两侧分别设置有滑动结构；滑动结构活动设置于导向结构中，并可沿导向结构运动。

本实施例进一步说明了栏门 2 与主体 1 的连接结构。需要说明的时，除导向结构与滑动结构外，栏门 2 与主体 1 之间还可以进一步采用其他形式的连接方式，以提高栏门 2 与主体 1 之前的连接强度、降低滑动阻力或提供阻尼等。

在一些较佳的实施方式中，导向结构包括与开放侧面 11 形状相符的导轨 13，滑动结构包括与导轨 13 配合的凸起部 21。凸起部 21 设置于导轨 13 中，可沿导轨 13 滑动。凸起部 21 与栏门 2 固定设置，因此当凸起部 21 沿导轨 13 运动时，栏门 2 也被限制为沿主体 1 的开放侧面 11 运动。

在一些较佳的实施方式中，导轨 13 上部宽度增加，形成转动区 131；导轨 13 及转动区 131 的形状和尺寸分别被设置为，凸起部 21 无法在导轨 13 内转动，且可在转动区 131 内转动。

当栏门 2 开启时，为了放置栏门 2，本实施方式进一步提供了导轨 13 的另一种可选结构。导轨 13 上部宽度增加，形成了可供凸起部 21 在其内部转动的转动区 131，当凸起部 21 位于导轨 13 内且尚未进入转动区 131，即栏门 2 向上开启的过程中，凸起部 21 无法在导轨 13 内转动，保证了栏门 2 贴合于主体 1 的开放侧面 11 运动；当凸起部 21 运动至转动区 131 后，可在转动区 131 内转动，进而栏门 2 也能够大致以凸起部 21 为轴转动，直至平放于主体 1 上表面。

应当理解，除导向结构与滑动结构外，栏门与主体之间还可以进一步采用其他形式的连接方式；其他形式的连接方式应当保证当栏门上升至其凸起部位于转动区内时，不限制栏门的转动。

在一些可选的实施例中，栏门 2 朝向主体 1 内部的侧面光滑。为了尽可能降低摩擦力，防止牲畜顶起栏门 2，将栏门 2 内侧面设置为尽可能光滑。

在一些可选的实施例中，栏门 2 上设置有供抓握的抓握部 22；抓握部 22 为设置于栏门 2 背向主体 1 内部的侧面上的凸出部分，或者为设置于栏门 2 上部的镂空部分。为了便于人员抬起栏门，在栏门上设置抓握部。

在一些可选的实施例中，沿主体 1 底面中部，设置有朝向上方凸起的防卧杆 14。为了防止牲畜在饲喂栏中卧倒而不进食，在主体 1 中部设置防卧杆 14，以便牲畜卧倒后进行刺激，促使牲畜站立进食。

本技术申请了国家专利保护，专利申请号为：2017 2 0216435 9